LES MAITRES DE LA PENSÉE SCIENTIFIQUE
COLLECTION DE MÉMOIRES ET OUVRAGES
'ubliée par les soins de MAURICE SOLOVINE

MEMOIRES

SUR

ÉLECTROMAGNÉTISME

ET

L'ÉLECTRODYNAMIQUE

PAR

André-Marie AMPÈRE

PARIS
GAUTHIER-VILLARS ET Cie, ÉDITEURS
IRES DU BUREAU DES LONGITUDES, DE L'ÉCOLE POLYTECHNIQUE
Quai des Grands-Augustins, 55.

1921

MÉMOIRES

SUR

L'ÉLECTROMAGNÉTISME

ET

L'ÉLECTRODYNAMIQUE

PARIS. — IMPRIMERIE GAUTHIER-VILLARS ET Cie,
65811 Quai des Grands-Augustins, 55.

LES MAITRES DE LA PENSÉE SCIENTIFIQUE

COLLECTION DE MÉMOIRES ET OUVRAGES

Publiée par les soins de MAURICE SOLOVINE

MÉMOIRES

SUR

L'ÉLECTROMAGNÉTISME

ET

L'ÉLECTRODYNAMIQUE

PAR

André-Marie AMPÈRE

PARIS

GAUTHIER-VILLARS ET Cie, ÉDITEURS

LIBRAIRES DU BUREAU DES LONGITUDES, DE L'ÉCOLE POLYTECHNIQUE

Quai des Grands-Augustins, 55.

1921

AVERTISSEMENT.

L'accroissement rapide des découvertes scientifiques engendre fatalement l'oubli des découvertes passées et de leurs auteurs — oubli encore favorisé par le fait regrettable que la plupart des mémoires et des ouvrages, où ces découvertes se trouvent exposées, sont complètement épuisés et introuvables.

La collection des Maîtres de la Pensée scientifique *comprend les mémoires et les ouvrages les plus importants de tous les temps et de tous les pays. Elle est destinée à rendre accessibles aux savants et au public cultivé les travaux originaux, qui marquent les étapes successives dans la construction lente et laborieuse de l'édifice scientifique. Tous les domaines de la Science y sont représentés : les mathématiques, l'astronomie, la physique, la chimie, la géologie, les sciences naturelles et biologiques, la méthodologie et la philosophie des sciences. Étant la plus complète, elle fournira les documents indispensables aux historiens de la science et de la civilisation, qui voudront étudier l'évolution de l'esprit humain sous sa forme la plus élevée. Elle permettra aux savants de connaître plus intimement les découvertes de leurs devanciers et d'y trouver nombre d'idées originales. Les philosophes y trouveront une mine inépuisable pour l'étude épistémologique des théories, des hypothèses et des concepts, au moyen desquels se construit la connaissance de l'univers. Elle offre enfin à la jeunesse studieuse un moyen facile et peu coûteux de prendre contact à leur source même avec les méthodes expérimentales et les procédés ingénieux que les grands chercheurs ont dû inventer pour résoudre les difficultés — méthodes concrètes, infiniment plus suggestives et plus fécondes que ne le sont les règles schématiques des Manuels.*

On trouve encore dans les mémoires classiques, où la profondeur de la pensée et la justesse du raisonnement se manifestent sous une forme remarquablement lucide et élégante, le secret d'exposer les découvertes et les conceptions scientifiques d'une façon claire et précise, comme l'ont demandé à plusieurs reprises les savants les plus illustres de notre temps.

*
* *

Les mémoires et les ouvrages français sont réimprimés avec grande exactitude d'après les textes originaux les mieux établis, et ceux des savants étrangers sont traduits intégralement et avec une rigoureuse fidélité.

COLLECTION

" LES MAITRES DE LA PENSÉE SCIENTIFIQUE "

Huygens (Christian). — *Traité de la lumière.* Un vol. de x-155 pages et 74 figures; broché, net.......................... 3 fr. 50

Lavoisier (A.-L.). — *Mémoires sur la respiration et la transpiration des animaux.* Un vol. de viii-68 pages; broché, net... 3 fr. »

Spallanzani (Lazare). — *Observations et Expériences faites sur les Animalcules des Infusions.* Deux vol. de viii-106 et 122 pages; chaque vol. broché, net.......................... 3 fr. »

Clairaut (A.-C.). — *Eléments de Géométrie.* Deux vol. de xiv-95 et 103 pages avec 69 et 77 figures; chaque vol. broché, net. 3 fr. 50

Lavoisier et Laplace. — *Mémoire sur la chaleur.* Un vol. de 78 pages avec 2 planches; broché, net.......................... 3 fr. »

Carnot (Lazare). — *Réflexions sur la métaphysique du Calcul infinitésimal.* Deux vol. de viii-117 et 105 pages avec 5 figures; chaque vol. broché, net .... 3 fr. »

D'Alembert (Jean). — *Traité de Dynamique.* Deux vol. de xl-102 et 187 pages avec 81 figures; chaque vol. broché, net....... 3 fr. »

Dutrochet (René). — *Les mouvements des végétaux. Du réveil et du sommeil des plantes.* Un vol. de viii-121 pages et 25 figures; broché, net.......................... 3 fr.

Ampère (A.-M.). — *Mémoires sur l'électromagnétisme et l'électrodynamique.* Un vol. de xiv-110 pages et 17 figures; broché, net 3 fr. »

Laplace (P.-S.). — *Essai philosophique sur les probabilités.* Deux vol. de xii-103 et 108 pages; chaque vol. broché, net.... 3 fr. »

Bouguer (Pierre). — *Essai d'optique sur la gradation de la lumière.* Un vol. de xviii-130 pages et 17 figures; broché, net. 3 fr. »

Paraîtront prochainement :

Mariotte (Edme). — *Discours de la nature de l'air.*

Galilée. — *Dialogues et démonstrations concernant deux sciences nouvelles.*

Newton. — *Principes mathématiques de la philosophie naturelle.*

Lamé. — *Examen des différentes méthodes employées pour résoudre les problèmes de géométrie.*

Pascal. — *Traité de l'équilibre des liqueurs. Traité de la pesanteur de la masse de l'air.*

Fermat. — *De la comparaison des lignes courbes avec les lignes droites.*

Regnault. — *Études sur l'hygrométrie.*

Faraday. — *Recherches expérimentales sur l'électricité.*

HELMHOLTZ. — *Mémoires sur l'hydrodynamique.*

MALUS. — *Théorie de la double réfraction de la lumière.*

LAPLACE. — *Mémoire sur les inégalités séculaires des planètes et des satellites.*

DE SAUSSURE. — *Recherches chimiques sur la végétation.*

ARCHIMÈDE. — *De la sphère et du cylindre.*

GAUSS. — *Méthode des moindres carrés.*

FOUCAULT. — *Mémoires relatifs à la mesure de la vitesse de la lumière et au mouvement de la Terre.*

GAY-LUSSAC et THÉNARD. — *Recherches physico-chimiques.*

INGENHOUSZ. — *Expériences sur les végétaux.*

CHEVREUL. — *Recherches chimiques sur les corps gras d'origine animale.*

NEWTON. — *Optique.*

CARNOT (Sadi). — *Réflexions sur la force motrice du feu.*

LAMARCK. — *Philosophie zoologique.*

COULOMB. — *Mémoires sur l'électricité et le magnétisme.*

MENDEL. — *Essai sur les plantes hybrides.*

LEIBNIZ. — *Mémoires sur l'analyse infinitésimale et la dynamique.*

BRAVAIS. — *Mémoire sur les systèmes formés par des points distribués régulièrement sur un plan ou dans l'espace.*

BICHAT. — *Recherches physiologiques sur la vie et la mort.*

LAPLACE. — *Sur la théorie des tubes capillaires. Sur l'action capillaire. De l'adhésion des corps à la surface des fluides. Considérations sur la théorie des phénomènes capillaires.*

D'ALEMBERT. — *Éléments de philosophie.*

YOUNG. — *Théorie de la lumière et des couleurs. Correspondance choisie sur des sujets d'optique.*

VOLTA. — *Lettres sur l'électricité animale.*

FARADAY, AMPÈRE. — *Rotations électromagnétiques.*

HERSCHEL. — *Discours préliminaire sur l'étude de la philosophie naturelle.*

LAGRANGE. — *Mémoire sur la théorie du mouvement des fluides.*

DUTROCHET. — *De l'endosmose et de l'exosmose.*

GAUSS. — *Recherches générales sur les surfaces courbes.*

Il est tiré de chaque volume 10 exemplaires sur papier de Hollande, au prix uniforme et net de 6 francs.

NOTICE BIOGRAPHIQUE.

André-Marie Ampère naquit à Lyon le 20 janvier 1775. Son père, Jean-Jacques Ampère, ayant quitté le négoce peu de temps après la naissance de son fils, se retira à Polémieux près de Lyon. André reçut son instruction dans la maison paternelle et ne fréquenta jamais d'école. « Il n'a jamais eu d'autres maîtres que lui-même », dit son père. Dès sa plus tendre enfance, il montra une aptitude remarquable pour les mathématiques et lisait avec avidité tout ce qui lui tomba sous la main. A peine âgé de 14 ans il lisait l'*Enclyclopédie* de d'Alembert et de Diderot d'un bout à l'autre, et sa mémoire était d'une force telle qu'il pouvait en citer de longs passages relatifs aux sujets les plus éloignés des connaissances communes. Une fois en possession des connaissances mathématiques élémentaires, il aborda la lecture des œuvres des grands géomètres, tels que Euler, Bernoulli, etc.

Doué d'un esprit inventif de premier ordre et d'une ardente imagination, il s'essayait de très bonne heure aux sujets les plus difficiles. C'est ainsi qu'il conçut l'idée, après avoir lu l'article *langue* dans l'*Encyclopédie*, de reconstituer la langue primitive et de montrer comment les langues existantes en sont sorties par voie de dérivation. Il avait ensuite ébauché la grammaire et le dictionnaire d'une langue nouvelle dans laquelle il avait même composé un poème.

En 1793, le père d'Ampère retourna à Lyon et y accepta les fonctions de juge de paix. Après le siège de Lyon par l'armée républicaine, Collot d'Herbois et Fouché y commirent les pires excès et Jean-Jacques Ampère fut une de leurs nombreuses victimes : il mourut sur l'échafaud le 24 novembre 1793.

Cet événement tragique porta un coup terrible à André Ampère, il dépérissait à vue d'œil et tomba dans un état d'hébétude complète. Cet état pénible durait plus d'une année, et il en fut tiré grâce aux *Lettres sur la botanique* de J.-J. Rousseau qui lui tombèrent par hasard entre les mains. S'adonnant avec passion à l'étude de la botanique, il reprit de l'intérêt aux recherches et réussit même à déterminer la place que doit occuper le *Begonia* dans la classification des plantes, problème que les botanistes n'arrivaient pas à résoudre.

Ampère épousa le 2 août 1799 Mlle Julie Carron et fut obligé de donner des leçons de mathématiques à un prix dérisoire pour subvenir aux besoins du ménage. Au mois de décembre 1801, il obtint une place à l'école centrale de Bourg dans le département de l'Ain, où il enseigna la chimie, la physique et l'astronomie. Il y continua d'ailleurs à donner des leçons particulières pour augmenter ses maigres revenus.

Après avoir composé quelques mémoires restés inédits, il publia en 1802 ses *Considérations sur la théorie mathématique du jeu* qui excita l'admiration de Delambre. Grâce à l'intervention de ce dernier, Ampère fut nommé en 1803 professeur au Lycée de Lyon. C'est cette année même qu'il perdit sa femme qu'il aimait d'un amour sans bornes. Cette perte le plongea dans une profonde prostration et le rendit malheureux pour tout le reste de sa vie.

En 1805 il fut nommé répétiteur à l'École Polytechnique, en 1806 membre du bureau consultatif des arts et métiers, en 1808 inspecteur général de l'Université, en 1809 professeur d'Analyse à l'École Polytechnique, en 1814 membre de l'Académie des Sciences et en 1824 professeur de Physique au Collège de France.

Depuis son arrivée à Paris en 1805 jusqu'en 1820 Ampère s'est occupé de questions de mathématiques, de physique et de chimie. Il établit sa réputation de grand géomètre par les deux mémoires sur l'intégration des équations aux dérivées partielles, publiés dans le tome XI du *Journal de l'Ecole Polytechnique*. Mais c'est dans le domaine de l'électricité qu'il lui était réservé de faire des découvertes d'une portée incalculable.

Les marins avaient depuis longtemps observé que les violents coups de foudre occasionnaient tantôt des affaiblissements, tantôt des destructions, tantôt des renversements de polarité dans les aiguilles des boussoles. Vainement les chercheurs essayèrent de fixer par des lois la connexion entre ces deux ordres de phénomènes. Æpinus est celui qui, dans son discours académique de 1760, avait insisté avec beaucoup d'énergie sur l'identité de ces deux forces de la nature. Cette simple hypothèse reçut une confirmation éclatante par les expériences mémorables du physicien danois Œrsted sur les déviations d'une aiguille de boussole par le courant électrique. Il les commença en 1819 et en communiqua les résultats définitifs dans son Mémoire intitulé *Experimenta circa effectum conflictus electrici in acum magneticam*, qui fut publié en 1820 et envoyé à tous les grands physiciens et aux Sociétés savantes de l'Europe. Cette expérience fut répétée devant les membres de l'Académie des Sciences le 11 septembre 1820, et, dans la séance suivante, le 18 septembre, Ampère exposa devant l'Académie les résultats des expériences faites pendant la semaine et les publia aussitôt après dans les *Annales de Chimie et de Physique* (t. XV). Ils forment la plus grande partie du premier mémoire, qu'il suffit de lire pour comprendre l'enthousiasme qu'il a provoqué dans le monde savant. On ne sait en effet ce qu'il faut y admirer le plus, la perspicacité de l'esprit d'Ampère, ou l'ingéniosité des expériences, ou la finesse des appareils, qu'il a lui-même inventés et fait construire à ses frais. Son humble cabinet de la rue des Fossés-Saint-Victor, où il faisait ses étonnantes découvertes, devint un lieu de pèlerinage pour les physiciens français et étrangers. Aujourd'hui, à un siècle de distance, l'admiration pour ce travail doit être plus grande encore, car aucune découverte scientifique n'a été suivie de conséquences aussi prodigieuses, théoriques et pratiques, que celles d'Ampère.

Partant du principe newtonien de l'égalité de l'action et de la réaction des forces, Ampère s'est ensuite proposé de trouver les formules analytiques représentant l'attraction et la répulsion entre deux éléments infiniment petits de deux conducteurs voltaïques. Les résultats de ces recherches sont contenus dans le second mémoire, publié en 1822. Il poursuivit ses investigations avec un effort inlassable, raffermissant ses conceptions par des expériences de plus en plus délicates, et publia en 1827 son *Mémoire sur la théorie mathématique des phénomènes électrodynamiques uniquement déduite de l'expérience.*

L'Électrodynamique a été construite de toutes pièces par Ampère, et sur des assises d'une solidité inébranlable. « L'étude expérimentale, dit Maxwell, par laquelle Ampère a établi les lois de l'action mécanique qui s'exerce entre les courants électriques, constitue un des plus brillants exploits de la Science.

Il semble que cet ensemble de théorie et d'expérience ait jailli dans toute sa puissance, avec toutes ses armes, du cerveau du Newton de l'électricité. La forme en est parfaite, la rigueur inattaquable, et le tout se résume en une formule, d'où peuvent se déduire tous les phénomènes et qui devra toujours rester la formule fondamentale de l'Électrodynamique (1). »

Il faut encore mentionner son important travail sur la classification des corps simples et celui dans lequel il soutient que la chaleur et la lumière résultent de mouvements vibratoires.

On aurait une idée incomplète d'Ampère si l'on ne mentionnait pas son goût très vif pour la psychologie et la métaphysique. Dès son arrivée à Paris, il fréquenta la *Société d'Auteuil*, où il discuta passionnément sur ces problèmes avec Destutt de Tracy, Maine de Biran et Cabanis. Vers 1830, il fit sienne la

(1) James Clerk Maxwell, *Traité de l'Électricité et du Magnétisme*, t. II, p. 204. Gauthier-Villars, éditeur, Paris; 1889.

théorie de l'unité de plan des êtres animés, soutenue par Geoffroy Saint-Hilaire, et la défendit au Collège de France contre l'opinion contraire de Cuvier. En 1834, Ampère a publié son *Essai sur la philosophie des sciences ou exposition analytique d'une classification naturelle de toutes les sciences humaines*, qui abonde en réflexions profondes et en aperçus de génie.

Les travaux d'Ampère rendent un témoignage éclatant de son immense savoir, de sa puissante intelligence et de son sens critique aigu, auxquelles qualités il faut ajouter sa chaude tendresse et sa grande bonté de cœur. Non seulement les malheurs de la France, mais encore ceux des peuples les plus lointains lui causaient de vifs chagrins, comme si c'eussent été des malheurs personnels. Prenant un intérêt très vif à tout ce qui concernait l'humanité, il croyait à sa perfectibilité et à son progrès indéfini.

Les tourments et les chagrins qu'il a subis pendant son existence ont fortement ébranlé sa santé. Pendant une tournée d'inspection, il fut frappé à Marseille par une pneumonie à laquelle il succomba le 10 juin 1836.

M. S.

Remarque. — Les deux mémoires figurant dans ce volume sont reproduits d'après le *Recueil d'observations électrodynamiques*, publié en 1822. C'est à ce *Recueil* que se rapportent les renvois d'Ampère.

PREMIER MÉMOIRE.

DE L'ACTION EXERCÉE
SUR
UN COURANT ÉLECTRIQUE
PAR UN AUTRE COURANT
LE GLOBE TERRESTRE OU UN AIMANT.

I. — DE L'ACTION MUTUELLE DE DEUX COURANTS ÉLECTRIQUES.

L'action électromotrice se manifeste par deux sortes d'effets que je crois devoir d'abord distinguer par une définition précise.

J'appellerai le premier *tension électrique*, le second *courant électrique*.

Le premier s'observe lorsque les deux corps entre lesquels l'action électromotrice a lieu sont séparés l'un de l'autre [1] par des corps non conducteurs dans tous les points de leur surface autres que ceux où elle est établie; le second est celui où ils font, au contraire, partie d'un circuit de corps conducteurs qui les font

(1) Quand cette séparation a lieu par la simple interruption des corps conducteurs, c'est encore par un corps non conducteur, par l'air, qu'ils sont séparés.

communiquer par des points de leur surface différents de ceux où se produit l'action électromotrice (1). Dans le premier cas, l'effet de cette action est de mettre les deux corps ou les deux systèmes de corps, entre lesquels elle a lieu, dans deux états de tension dont la différence est constante lorsque cette action est constante, lorsque, par exemple, elle est produite par le contact de deux substances de nature différente; cette différence serait variable, au contraire, avec la cause qui la produit, si elle était due à un frottement ou à une pression.

Ce premier cas est le seul qui puisse avoir lieu lorsque l'action électromotrice se développe entre les diverses parties d'un même corps non conducteur; la tourmaline en offre un exemple quand elle change de température.

Dans le second cas, il n'y a plus de tension électrique, les corps légers ne sont plus sensiblement attirés, et l'électromètre ordinaire ne peut plus servir à indiquer ce qui se passe dans le corps; cependant l'action électromotrice continue d'agir; car si de l'eau, par exemple, un acide, un alcali ou une dissolution saline font partie du circuit, ces corps sont décomposés, surtout quand l'action électromotrice est constante, comme on le sait depuis longtemps; et en outre, ainsi que M. Œrsted vient de le découvrir, quand l'action électromotrice est produite par le contact des métaux, l'aiguille

(1) Ce cas comprend celui où les deux corps ou systèmes de corps, entre lesquels a lieu l'action électromotrice, seraient en communication complète avec le réservoir commun qui ferait alors partie du circuit.

aimantée est détournée de sa direction lorsqu'elle est placée près d'une portion quelconque du circuit; mais ces effets cessent, l'eau ne se décompose plus, et l'aiguille revient à sa position ordinaire dès qu'on interrompt le circuit, que les tensions se rétablissent, et que les corps légers sont de nouveau attirés, ce qui prouve bien que ces tensions ne sont pas cause de la décomposition de l'eau, ni des changements de direction de l'aiguille aimantée découverts par M. Œrsted.

Ce second cas est évidemment le seul qui pût avoir lieu si l'action électromotrice se développait entre les diverses parties d'un même corps conducteur. Les conséquences déduites, dans ce Mémoire, des expériences de M. Œrsted, nous conduiront à reconnaître l'existence de cette circonstance dans le seul cas où il y ait lieu jusqu'à présent de l'admettre.

Voyons maintenant à quoi tient la différence de ces deux ordres de phénomènes entièrement distincts, dont l'un consiste dans la tension et les attractions ou répulsions connues depuis longtemps, et l'autre dans la décomposition de l'eau et d'un grand nombre d'autres substances, dans les changements de direction de l'aiguille, et dans une sorte d'attractions et de répulsions toutes différentes des attractions et répulsions électriques ordinaires, que je crois avoir reconnu le premier, et que j'ai nommé *attractions et répulsions des courants électriques*, pour les distinguer de ces dernières. Lorsqu'il n'y a pas continuité de conducteurs d'un des corps ou des systèmes de corps entre lesquels se développe l'action électromotrice à l'autre, et que ces corps sont eux-mêmes conducteurs, comme dans la pile de Volta, on ne peut concevoir cette action que comme portant constamment l'électricité positive dans l'un, et l'électricité négative dans l'autre; dans le premier moment, où rien ne s'oppose à l'effet qu'elle tend à produire, les deux électricités s'accumulent chacune dans la partie du système total vers laquelle elle est portée; mais cet effet s'arrête dès que la différence des tensions électriques (1) donne à leur attraction mutuelle, qui tend à les réunir, une force suffisante pour faire équilibre à l'action électromotrice. Alors tout reste dans cet état, sauf la déperdition d'électricité qui peut avoir lieu peu à peu à travers le corps non conducteur, l'air, par exemple, qui interrompt le circuit; car il paraît qu'il n'existe pas de corps qui soit absolument isolant. A mesure que cette déperdition a lieu, la tension diminue; mais comme dès qu'elle est moindre l'attraction mutuelle des deux électricités cesse de faire équilibre à l'action électromotrice, cette dernière force, dans le cas où elle est constante, porte de nouveau de l'électricité positive d'un côté, et de l'électricité négative de l'autre, et les tensions se rétablissent. C'est cet état d'un système de corps électromoteurs et conducteurs que je nomme *tension électrique.* On sait qu'il subsiste dans les deux moitiés de ce système, soit lorsqu'on vient à les séparer, soit dans le cas même où elles restent en contact après

(1) Quand la pile est isolée, cette différence est la somme des deux tensions, l'une positive, l'autre négative : quand une de ses extrémités communiquant avec le réservoir commun a une tension nulle, la même différence a une valeur absolue égale à celle de la tension à l'autre extrémité.

ue l'action électromotrice a cessé, pourvu qu'alors elle ait eu lieu par pression ou par frottement entre des corps qui ne soient pas tous deux conducteurs. Dans ces deux cas, les tensions diminuent graduellement à cause de la déperdition d'électricité dont nous parlions tout à l'heure.

Mais lorsque les deux corps ou les deux systèmes de corps, entre lesquels l'action électromotrice a lieu, sont d'ailleurs en communication par des corps conducteurs entre lesquels il n'y a pas une autre action électromotrice égale et opposée à la première, ce qui maintiendrait l'état d'équilibre électrique, et par conséquent les tensions qui en résultent, ces tensions disparaissent, ou du moins deviennent très petites, et il se produit les phénomènes indiqués ci-dessus comme caractérisant ce second cas. Mais comme rien n'est d'ailleurs changé dans l'arrangement des corps entre lesquels se développait l'action électromotrice, on ne peut douter qu'elle ne continue d'agir, et comme l'attraction mutuelle des deux électricités, mesurée par la différence des tensions électriques qui est devenue nulle, ou a considérablement diminué, ne peut plus faire équilibre à cette action. on est généralement d'accord qu'elle continue à porter les deux électricités dans les deux sens où elle les portait auparavant; en sorte qu'il en résulte un double courant, l'un d'électricité positive, l'autre d'électricité négative, partant en sens opposés des points où l'action électromotrice a lieu, et allant se réunir dans la partie du circuit opposée à ces points. Les courants dont je parle vont en s'accélérant jusqu'à ce que l'inertie des fluides électriques et la résistance qu'ils éprouvent par l'imperfection même des meilleurs conducteurs fassent équilibre à la force électromotrice, après quoi ils continuent indéfiniment avec une vitesse constante tant que cette force conserve la même intensité; mais ils cessent toujours à l'instant où le circuit vient à être interrompu. C'est cet état de l'électricité dans une série de corps électromoteurs et conducteurs que je nommerai, pour abréger, *courant électrique;* et comme j'aurai sans cesse à parler des deux sens opposés suivant lesquels se meuvent les deux électricités, je sous-entendrai toutes les fois qu'il en sera question, pour éviter une répétition fastidieuse, après les mots *sens du courant électrique*, ceux-ci : de *l'électricité positive;* en sorte que s'il est question, par exemple, d'une pile voltaïque, l'expression : *direction du courant électrique dans la pile*, désignera la direction qui va de l'extrémité où l'hydrogène se dégage dans la décomposition de l'eau à celle où l'on obtient de l'oxygène; et celle-ci : *direction du courant électrique dans le conducteur qui établit la communication entre les deux extrémités de la pile*, désignera la direction qui va, au contraire, de l'extrémité où se produit l'oxygène à celle où se développe l'hydrogène. Pour embrasser ces deux cas dans une seule définition, on peut dire que ce qu'on appelle la direction du courant électrique est celle que suivent l'hydrogène et les bases des sels, lorsque de l'eau ou une substance saline fait partie du circuit et est décomposée par le courant, soit, dans la pile voltaïque, que ces substances fassent partie du conducteur, ou qu'elles se trouvent interposées entre les paires dont se compose la pile.

Les savantes recherches de MM. Gay-Lussac et

Thénard sur cet appareil, source féconde des plus grandes découvertes dans presque toutes les branches des sciences physiques, ont démontré que la décomposition de l'eau, des sels, etc. n'est nullement produite par la différence de tension des deux extrémités de la pile, mais uniquement par ce que je nomme le *courant électrique*, puisqu'en faisant plonger dans l'eau pure les deux fils conducteurs, la décomposition est presque nulle: tandis que quand, sans rien changer à la disposition du reste de l'appareil, on mêle à l'eau où plongent les fils un acide ou une dissolution saline, cette décomposition devient très rapide, parce que l'eau pure est un mauvais conducteur, et qu'elle conduit bien l'électricité quand elle est mêlée d'une certaine quantité de ces substances.

Or, il est bien évident que la tension électrique des extrémités des fils qui plongent dans le liquide ne saurait être augmentée dans le second cas: elle ne peut qu'être diminuée à mesure que ce liquide devient meilleur conducteur; ce qui augmente dans ce cas, c'est le courant électrique: c'est donc à lui seul qu'est due la décomposition de l'eau et des sels. Il est aisé de constater que c'est lui seul aussi qui agit sur l'aiguille aimantée dans les expériences de M. Œrsted. Il suffit pour cela de placer une aiguille aimantée sur une pile horizontale dont la direction soit à peu près dans le méridien magnétique; tant que ses extrémités ne communiquent point, l'aiguille conserve sa direction ordinaire. Mais si l'on attache à l'une d'elles un fil métallique, et qu'on en mette l'autre extrémité en contact avec celle de la pile, l'aiguille change subitement de direction, et reste dans sa nouvelle position tant que dure le contact et que la pile conserve son énergie; ce n'est qu'à mesure qu'elle la perd, que l'aiguille se rapproche de sa direction ordinaire; au lieu que si on fait cesser le courant électrique en interrompant la communication, elle y revient à l'instant. Cependant, c'est cette communication même qui fait cesser ou diminue considérablement les tensions électriques; ce ne peut donc être ces tensions, mais seulement le courant qui influe sur la direction de l'aiguille aimantée. Lorsque de l'eau pure fait partie du circuit, et que la décomposition en est à peine sensible, l'aiguille aimantée placée au-dessus ou au-dessous d'une autre portion du circuit est aussi faiblement déviée; l'acide nitrique qu'on mêle à cette eau, sans rien changer d'ailleurs à l'appareil, augmente cette déviation en même temps qu'elle rend plus rapide la décomposition de l'eau.

L'électromètre ordinaire indique quand il y a tension et l'intensité de cette tension; il manquait un instrument qui fît connaître la présence du courant électrique dans une pile ou un conducteur, qui en indiquât l'énergie et la direction. Cet instrument existe aujourd'hui; il suffit que la pile ou une portion quelconque du conducteur soient placées horizontalement à peu près dans la direction du méridien magnétique, et qu'un appareil semblable à une boussole, et qui n'en diffère que par l'usage qu'on en fait, soit mis sur la pile, ou bien au-dessous ou au-dessus de cette portion du conducteur : tant qu'il y a quelque interruption dans le circuit, l'aiguille aimantée reste dans sa situation ordinaire; mais elle s'écarte de cette situation dès que le courant s'établit, d'autant plus que l'énergie en est plus grande, et elle en fait connaître la direction d'après ce fait général, que si l'on se place par la pensée dans la direction du courant, de manière qu'il soit dirigé des pieds à la tête de l'observateur, et que celui-ci ait la face tournée vers l'aiguille, c'est constamment à sa gauche que l'action du courant écartera de sa position ordinaire celle de ses extrémités qui se dirige vers le Nord, et que je nommerai toujours *pôle austral de l'aiguille aimantée*, parce que c'est le pôle homologue au pôle austral de la Terre. C'est ce que j'exprimerai plus brièvement en disant que le pôle austral de l'aiguille est porté à gauche du courant qui agit sur l'aiguille. Je pense que pour distinguer cet instrument de l'électromètre ordinaire, on doit lui donner le nom de *galvanomètre*, et qu'il convient de l'employer dans toutes les expériences sur les courants électriques, comme on adapte habituellement un électromètre aux machines électriques, afin de voir à chaque instant si le courant a lieu, et quelle en est l'énergie.

Le premier usage que j'aie fait de cet instrument a été de l'employer à constater que le courant qui existe dans la pile voltaïque, de l'extrémité négative à l'extrémité positive, avait sur l'aiguille aimantée la même influence que le courant du conducteur qui va, au contraire, de l'extrémité positive à la négative.

Il est bon d'avoir pour cela deux aiguilles aimantées, l'une placée sur la pile et l'autre au-dessus ou au-dessous du conducteur; on voit le pôle austral de chaque aiguille se porter à gauche du courant près duquel elle est placée; en sorte que quand la seconde est au-dessus du conducteur, elle est portée du côté opposé à celui vers lequel tend l'aiguille posée sur la pile, à cause que les courants ont des directions opposées dans ces deux portions du circuit; les deux aiguilles sont, au contraire, portées du même côté, en restant à peu près parallèles entre elles, quand l'une est au-dessus de la pile et l'autre au-dessous du conducteur (1). Dès qu'on interrompt le circuit, elles reviennent aussitôt, dans les deux cas, à leur position ordinaire.

Telles sont les différences reconnues avant moi entre les effets produits par l'électricité dans les deux états que je viens de décrire, et dont l'un consiste sinon dans le repos, du moins dans un mouvement lent et produit seulement par la difficulté d'isoler complètement les corps où se manifeste la tension électrique, l'autre dans un double courant d'électricité positive et négative le long d'un circuit continu de corps conducteurs. On conçoit alors, dans la théorie ordinaire de l'électricité, que les deux fluides dont on la considère comme composée sont sans cesse séparés l'un de l'autre dans une partie du circuit, et portés rapidement en sens contraire dans une autre partie du même circuit où ils se réunissent continuellement. Quoique le courant électrique ainsi défini puisse être produit avec une machine ordinaire, en la disposant de manière à dé-

(1) Pour que cette expérience ne laisse aucun doute sur l'action du courant qui est dans la pile, il convient de la faire comme je l'ai faite avec une pile à auges dont les plaques de zinc soient soudées à celles de cuivre par toute l'étendue d'une de leurs faces, et non pas simplement par une branche de métal qu'on pourrait regarder avec raison comme une portion de conducteur.

velopper les deux électricités, et en joignant par un conducteur les deux parties de l'appareil où elles se produisent, on ne peut, à moins de se servir de très grandes machines, obtenir ce courant avec une certaine énergie qu'à l'aide de la pile voltaïque, parce que la quantité de l'électricité produite par la machine à frottement reste la même dans un temps donné, quelle que soit la faculté conductrice du reste du circuit, au lieu que celle que la pile met en mouvement pendant un même temps croît indéfiniment à mesure que l'on en réunit les deux extrémités par un meilleur conducteur.

Mais les différences que je viens de rappeler ne sont pas les seules qui distinguent ces deux états de l'électricité. J'en ai découvert de plus remarquables encore en disposant, dans des directions parallèles, deux parties rectilignes de deux fils conducteurs joignant les extrémités de deux piles voltaïques: l'une était fixe, et l'autre, suspendue sur des pointes et rendue très mobile par un contrepoids, pouvait s'en approcher ou s'en éloigner en conservant son parallélisme avec la première. J'ai observé alors qu'en faisant passer à la fois un courant électrique dans chacune d'elles, elles s'attiraient mutuellement quand les deux courants étaient dans le même sens, et qu'elles se repoussaient quand ils avaient lieu dans des directions opposées.

Or, ces attractions et répulsions des courants électriques diffèrent essentiellement de celles que l'électricité produit dans l'état de repos; d'abord, elles cessent comme les décompositions chimiques, à l'instant où l'on interrompt le circuit des corps conducteurs. Secondement, dans les attractions et répulsions électriques ordinaires, ce sont les électricités d'espèces opposées qui s'attirent, et celles de même nom se repoussent; dans les attractions et répulsions des courants électriques, c'est précisément le contraire, c'est lorsque les deux fils conducteurs sont placés parallèlement, de manière que les extrémités de même nom se trouvent du même côté et très près l'une de l'autre, qu'il y a attraction. et il y a répulsion quand les deux conducteurs étant toujours parallèles, les courants sont en sens opposés, en sorte que les extrémités de même nom se trouvent à la plus grande distance possible. Troisièmement, dans le cas où c'est l'attraction qui a lieu, et qu'elle est assez forte pour amener le conducteur mobile en contact avec le conducteur fixe, ils restent attachés l'un à l'autre comme deux aimants, et ne se séparent point aussitôt, comme il arrive lorsque deux corps conducteurs qui s'attirent parce qu'ils sont électrisés, l'un positivement, l'autre négativement, viennent à se toucher. Enfin, et il paraît que cette dernière circonstance tient à la même cause que la précédente, deux courants électriques s'attirent ou se repoussent dans le vide comme dans l'air; ce qui est encore contraire à ce qu'on observe dans l'action mutuelle de deux corps conducteurs électrisés à l'ordinaire. Il ne s'agit pas ici d'expliquer ces nouveaux phénomènes, les attractions et répulsions qui ont lieu entre deux courants parallèles, suivant qu'ils sont dirigés dans le même sens ou dans des sens opposés, sont des faits donnés par une expérience aisée à répéter. Il est nécessaire, pour prévenir dans cette expérience les mouvements qu'imprimeraient au conducteur mobile les petites agitations de l'air, de placer l'appareil sous une cage en verre sous laquelle on fait passer, dans le socle qui la porte, les portions des conducteurs qui doivent communiquer avec les deux extrémités de la pile. La disposition la plus commode de ces conducteurs est d'en placer un sur deux appuis dans une situation horizontale où il est immobile, de suspendre l'autre par deux fils métalliques qui font corps avec lui à un axe de verre qui se trouve au-dessus du premier conducteur, et qui repose, par des pointes d'acier très fines, sur deux autres appuis de métal; ces pointes sont soudées aux deux extrémités des fils métalliques dont je viens de parler, en sorte que la communication s'établit par les appuis à l'aide de ces pointes (*fig.* 1).

Les deux conducteurs se trouvent ainsi parallèles, et à côté l'un de l'autre, dans un même plan horizontal; l'un d'eux est mobile par les oscillations qu'il peut faire autour de la ligne horizontale passant par les extrémités des deux pointes d'acier, et, dans ce mouvement, il reste nécessairement parallèle au conducteur fixe.

On ajoute au-dessus et au milieu de l'axe de verre un contrepoids, pour augmenter la mobilité de la partie de l'appareil susceptible d'osciller, en en élevant le centre de gravité.

J'avais cru d'abord qu'il faudrait établir le courant électrique dans les deux conducteurs au moyen de deux piles différentes; mais cela n'est pas nécessaire, il suffit que ces conducteurs fassent tous deux partie du même circuit; car le courant électrique y existe partout avec la même intensité. On doit conclure de cette observation que les tensions électriques des deux extrémités de la pile ne sont pour rien dans les phénomènes dont nous nous occupons; car il n'y a certainement pas de tension dans le reste du circuit. Ce qui est encore confirmé par la possibilité de faire mouvoir l'aiguille aimantée à une grande distance de la pile,

Fig. 1.

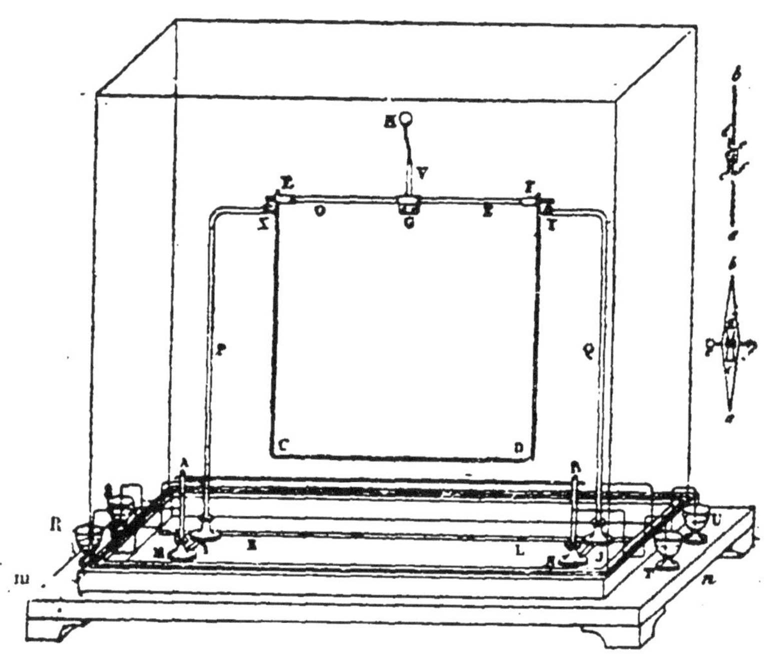

au moyen d'un conducteur très long dont le milieu se recourbe dans la direction du méridien magnétique au-dessus ou au-dessous de l'aiguille. Cette expérience m'a été indiquée par le savant illustre auquel les sciences physico-mathématiques doivent surtout les grands progrès qu'elles ont faits de nos jours : elle a pleinement réussi.

Désignons par A et B les deux extrémités du conducteur fixe, par C celle du conducteur mobile qui est du côté de A, et par D celle du même conducteur qui est du côté de B; il est clair que si une des extrémités de la pile est mise en communication avec A, B avec C, et D avec l'autre extrémité de la pile, le courant électrique sera dans le même sens dans les deux conducteurs; c'est alors qu'on les verra s'attirer; si, au contraire, A communiquant toujours à une extrémité de la pile, B communique avec D, et C avec l'autre extrémité de la pile, le courant sera en sens opposé dans les deux conducteurs, et c'est alors qu'ils se repousseront.

L'instrument dont je me sers pour faire cette expérience, représenté figure 1, est placé sur un socle *mn*, auquel est attaché le cadre qui porte la cage de verre destinée à mettre tout l'appareil à l'abri des petites agitations de l'air. Au dehors de cette cage, j'ai disposé quatre coupes en buis R, S, T, U [1] pour y mettre du mercure dans lequel plongent des fils de laiton qui traversent le cadre sur lequel elle repose, et qui sont soudés aux quatre supports M, N, P, Q, dont les deux premiers portent le conducteur fixe AB, qu'on peut

---

[1] Il est préférable, quoique cela ne soit pas nécessaire au succès des expériences, d'isoler ces coupes comme je l'ai fait depuis dans d'autres appareils, parce que, quoique le buis soit un assez mauvais conducteur pour qu'il n'y ait qu'une petite partie du courant électrique qui puisse s'établir à travers ce corps, quelques observations me portent à soupçonner qu'il y en a quelques portions qui prennent cette route, surtout quand l'air est humide, et qu'on a par conséquent des effets un peu plus grands quand les coupes sont isolées, ou, ce qui est plus simple et revient au même, quand elles sont remplacées par de petits vases de verre.

éloigner ou rapprocher de l'autre, en faisant glisser ces supports dans les fentes I, J, où on les fixe à volonté au moyen d'écrous placés sous le socle, et les deux autres P, Q sont terminées par les chapes en acier X, Y, assez grandes pour retenir les globules de mercure qu'on y place, et où plongent deux pointes d'acier attachées aux boîtes en cuivre E, F, dans lesquelles entrent les deux extrémités d'un tube de verre OZ portant à son milieu une autre boîte en cuivre à laquelle est soudé un tube de cuivre V dans lequel entre à frottement la tige d'un contrepoids H; cette tige est coudée, comme on le voit dans la figure, afin de faire varier la position du centre de gravité de toute la partie mobile de l'appareil, en faisant tourner la tige coudée sur elle-même dans le tube de cuivre. On peut approcher ou éloigner ces supports l'un de l'autre en les faisant glisser dans la fente KL, où on les fixe à la distance qu'on veut, à l'aide d'écrous placés sous le socle. Aux deux boîtes de cuivre E, F sont soudées les deux extrémités du fil de laiton ECDF, dont la partie CD, parallèle à AB, est ce que j'ai nommé le *conducteur mobile.*

Quand on veut faire usage de cet appareil, après avoir fixé les deux supports P, Q à une distance telle que les centres des chapes X, Y correspondent aux pointes d'acier portées par les boîtes E, F et les supports M, N à la distance des deux premiers qu'on juge la plus convenable, on place ces pointes d'acier dans les chapes, et on fait tourner la tige du contrepoids H dans le cylindre creux V, jusqu'à ce que le conducteur mobile reste de lui-même dans la position qu'on veut lui donner, les branches EC, FD, qui en font partie, étant à peu près verticales; alors, si l'on veut mettre en évidence l'attraction des deux courants lorsqu'ils ont lieu dans le même sens, on établit, par un fil de laiton passant par-dessous l'instrument, et dont les extrémités se recourbent pour plonger dans deux des coupes de buis, telles que R et U ou S et T, la communication entre des extrémités opposées des deux conducteurs AB, CD, et l'on fait communiquer les deux coupes restantes avec les extrémités de la pile, par deux autres fils de laiton. Si c'est la répulsion qu'on se propose d'observer, il faut que le premier fil de laiton établisse la communication entre deux coupes telles que R et S ou T et U correspondant à des extrémités des deux conducteurs situées du même côté, tandis qu'on fait communiquer avec les extrémités de la pile les deux coupes placées du côté opposé.

Ces coupes donnent, quand on le veut, le moyen de n'établir le courant électrique que dans un seul conducteur, en plongeant les deux fils partant des extrémités de la pile dans le mercure des deux coupes qui communiquent avec ce conducteur. Cette disposition de quatre coupes de buis arrangées de cette manière, se retrouvant dans plusieurs appareils que j'aurai bientôt à décrire, je l'explique ici une fois pour toutes, et je me contenterai de les représenter dans les figures de ces instruments, sans en parler dans le texte, pour éviter des répétitions inutiles.

On conçoit, au reste, que les attractions et répulsions des courants électriques ayant lieu à tous les points du circuit, on peut avec un seul conducteur fixe attirer et repousser autant de conducteurs et faire varier la direction d'autant d'aiguilles aimantées que l'on veut;

je me propose de faire construire deux conducteurs mobiles sous une même cage de verre, en sorte qu'en les rendant, ainsi qu'un conducteur fixe commun, partie d'un même circuit, ils soient alternativement tous deux attirés, tous deux repoussés, ou l'un attiré, l'autre repoussé en même temps, suivant la manière dont on établira les communications. D'après le succès de l'expérience que m'a indiqué M. le marquis de Laplace, on pourrait, au moyen d'autant de fils conducteurs et d'aiguilles aimantées qu'il y a de lettres, et en plaçant chaque lettre sur une aiguille différente, établir à l'aide d'une pile placée loin de ces aiguilles, et qu'on ferait communiquer alternativement par ses deux extrémités à celles de chaque conducteur, former une sorte de télégraphe propre à écrire tous les détails qu'on voudrait transmettre, à travers quelques obstacles que ce fût, à la personne chargée d'observer les lettres placées sur les aiguilles. En établissant sur la pile un clavier dont les touches porteraient les mêmes lettres et établiraient la communication par leur abaissement, ce moyen de correspondance pourrait avoir lieu avec assez de facilité, et n'exigerait que le temps nécessaire pour toucher d'un côté et lire de l'autre chaque lettre [1].

Si le conducteur mobile, au lieu d'être assujetti à

[1] Depuis la rédaction de ce Mémoire, j'ai su de M. Arago que ce télégraphe avait déjà été proposé par M. Sœmmering : à cela près qu'au lieu d'observer le changement de direction des aiguilles aimantées, qui n'était point connu alors, l'auteur proposait d'observer la décomposition de l'eau dans autant de vases qu'il y a de lettres.

se mouvoir parallèlement à celui qui est fixe, ne peut que tourner dans un plan parallèle à ce conducteur fixe, autour d'une perpendiculaire commune passant par leurs milieux, il est clair que, d'après la loi que nous venons de reconnaître pour les attractions et répulsions des courants électriques, les deux moitiés de chaque conducteur attireront et repousseront celles de l'autre, suivant que les courants seront dans le même sens ou dans des sens opposés; et, par conséquent, que le conducteur mobile tournera jusqu'à ce qu'il arrive dans une situation où il soit parallèle à celui qui est fixe, et où les courants soient dirigés dans le même sens : d'où il suit que, dans l'action mutuelle de deux courants électriques, l'action directrice et l'action attractive ou répulsive dépendent d'un même principe, et ne sont que des effets différents d'une seule et même action. Il n'est plus nécessaire alors d'établir entre ces deux effets la distinction qu'il est si important de faire, comme nous le verrons tout à l'heure, quand il s'agit de l'action mutuelle d'un courant électrique et d'un aimant considéré comme on le fait ordinairement par rapport à son axe, parce que, dans cette action, les deux corps tendent à se placer dans des directions perpendiculaires entre elles.

J'examinerai, dans les autres paragraphes de ce Mémoire et dans le Mémoire suivant, l'action mutuelle entre un courant électrique et le globe terrestre ou un aimant, ainsi que celle de deux aimants l'un sur l'autre, et je montrerai qu'elles rentrent l'une et l'autre dans la loi de l'action mutuelle de deux courants électriques que je viens de faire connaître, en concevant sur la surface et dans l'intérieur d'un aimant autant de courants électriques, dans des plans perpendiculaires à l'axe de cet aimant, qu'on y peut concevoir de lignes formant, sans se couper mutuellement, des courbes fermées; en sorte qu'il ne me paraît guère possible, d'après le simple rapprochement des faits, de douter qu'il n'y ait réellement de tels courants autour de l'axe des aimants, ou plutôt que l'aimantation ne consiste que dans l'opération par laquelle on donne aux particules de l'acier la propriété de produire, dans le sens des courants dont nous venons de parler, la même action électromotrice qui se trouve dans la pile voltaïque, dans le zinc oxydé des minéralogistes, dans la tourmaline échauffée, et même dans une pile formée de cartons mouillés et de disques d'un même métal à deux températures différentes. Seulement cette action électromotrice se développant dans le cas de l'aimant entre les différentes particules d'un même corps bon conducteur, elle ne peut jamais, comme nous l'avons fait remarquer plus haut, produire aucune tension électrique, mais seulement un courant continu semblable à celui qui aurait lieu dans une pile voltaïque rentrant sur elle-même en formant une courbe fermée : il est assez évident, d'après les observations précédentes, qu'une pareille pile ne pourrait produire en aucun de ses points ni tensions ni attractions ou répulsions électriques ordinaires, ni phénomènes chimiques puisqu'il est alors impossible d'interposer un liquide dans le circuit; mais que le courant qui s'établirait immédiatement dans cette pile agirait, pour le diriger, l'attirer ou le repousser, soit sur un autre courant électrique, soit sur un aimant que l'on considère alors comme n'étant lui-même qu'un assemblage de courants électriques.

C'est ainsi qu'on parvient à ce résultat inattendu, que les phénomènes de l'aimant sont uniquement produits par l'électricité et qu'il n'y a aucune autre différence entre les deux pôles d'un aimant, que leur position à l'égard des courants dont se compose l'aimant, en sorte que le pôle austral (1) est celui qui se trouve à droite de ces courants, et le pôle boréal est celui qui se trouve à gauche.

Avant de m'occuper de ces recherches, de décrire les expériences que j'ai faites sur ces divers genres d'action, et d'en déduire les conséquences que je viens d'indiquer, je crois devoir compléter le sujet que je traite ici en exposant les nouveaux résultats que j'ai obtenus depuis que ce qui précède a été publié dans les *Annales de Chimie et de Physique*. Ces résultats ont été communiqués à l'Académie des Sciences, dans deux Mémoires dont l'un a été lu le 9 octobre et l'autre le 6 novembre. La première expérience que j'aie ajoutée à celles que je viens de décrire a été faite avec l'instrument représenté figure 2.

Le courant électrique, arrivant dans cet instrument

(1) Celui qui, dans l'aiguille aimantée, se dirige du côté du nord; il est à droite des courants dont se compose l'aimant, parce qu'il est à gauche d'un courant dirigé dans le même sens et placé hors de l'aiguille; en effet, d'après la définition donnée précédemment de ce qu'on doit entendre par la droite et la gauche des courants électriques, ceux que j'admets dans l'aiguille et ceux qui sont ainsi placés, et que l'on considère comme agissant sur elle, se font face de manière que la droite des uns est à la gauche des autres, et réciproquement.

par le support CA (*fig.* 2), parcourait d'abord le conducteur AB, redescendait par le support BDE; de ce support, par la petite chape d'acier F, où je plaçais un globule de mercure, et dans laquelle tournait le pivot d'acier de l'axe de verre GH, le courant se communiquait à la boîte de cuivre I et au conducteur

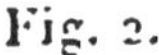

Fig. 2.

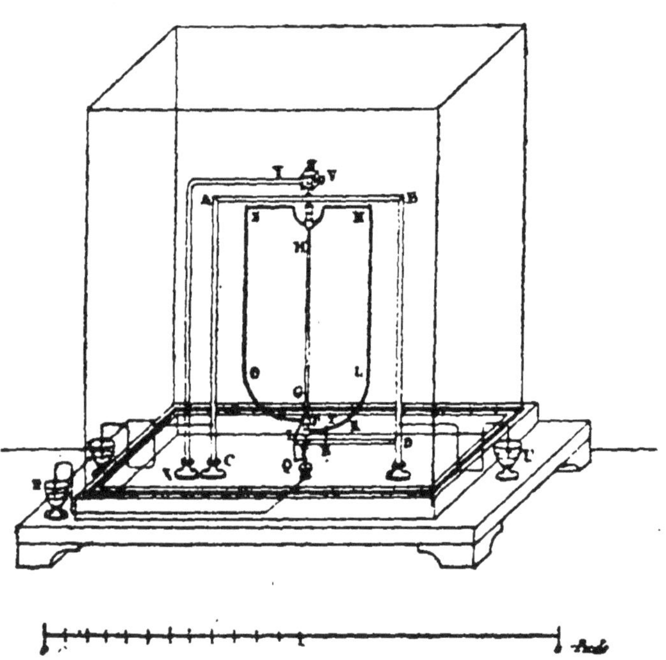

KLMNOPQ, dont l'extrémité Q plongeait dans du mercure mis en communication avec l'autre extrémité de la pile; les choses étant ainsi disposées, il est clair que, dans la situation où ce conducteur est représenté et où je le mettais d'abord en l'appuyant contre l'appendice T du premier conducteur, le courant de la partie MN était en sens contraire de celui de AB, tandis que quand on faisait décrire une demi-circonférence à KLMNOPQ, les deux courants se trouvaient dans le même sens.

J'ai vu alors se produire l'effet que j'attendais; à l'instant où le circuit a été fermé, la partie mobile de l'appareil a tourné par l'action mutuelle de cette partie et du conducteur fixe AB, jusqu'à ce que les courants, qui étaient d'abord en sens contraire, vinssent se placer de manière à être parallèles et dans le même sens. La vitesse acquise lui faisait dépasser cette dernière position; mais elle y revenait, repassait un peu au delà, et finissait par s'y fixer après quelques oscillations.

La manière dont je conçois l'aimant comme un assemblage de courants électriques dans des plans perpendiculaires à la ligne qui en joint les pôles, me fit d'abord chercher à en imiter l'action par des conducteurs pliés en hélice, dont chaque spire me représentait un courant disposé comme ceux d'un aimant, et ma première idée fut que l'obliquité de ces spires pouvait être négligée quand elles avaient peu de hauteur: je ne faisais pas alors attention qu'à mesure que cette hauteur diminue, le nombre des spires, pour une longueur donnée, augmente dans le même rapport, et que par conséquent, comme je l'ai reconnu plus tard, l'effet de cette obliquité reste toujours le même.

J'annonçais, dans le Mémoire lu à l'Académie le 18 septembre, l'intention où j'étais de faire construire des hélices en fil de laiton pour imiter tous les effets de l'aimant, soit d'un aimant fixe avec une hélice fixe, soit d'une aiguille aimantée avec une hélice roulée autour d'un tube de verre suspendu à son milieu sur une pointe très fine comme l'aiguille d'une boussole (1). J'espérais que non seulement les extrémités de cette hélice seraient attirées et repoussées comme les pôles d'une aiguille par ceux d'un barreau aimanté, mais encore qu'elle se dirigerait par l'action du globe terrestre : j'ai réussi complètement à l'égard de l'action du barreau aimanté; mais à l'égard de la force directrice de la terre, l'appareil n'était pas assez mobile, et cette force agissait par un bras de levier trop court

Fig. 3.

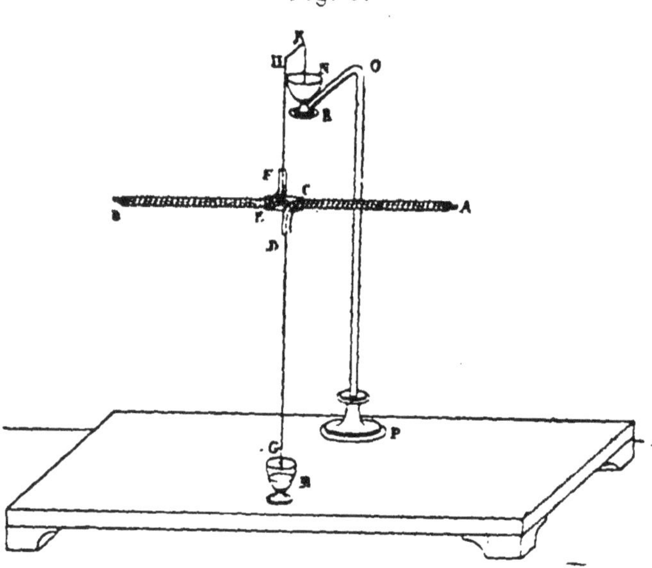

pour produire l'effet désiré; je ne l'ai obtenu que quelque temps après, à l'aide des appareils qui seront décrits dans le paragraphe suivant. Le fil de laiton, dont est formée l'hélice que j'ai fait construire, entoure de ses spires les deux tubes de verre ACD, BEF (*fig.* 3),

(1) J'ai changé depuis ce mode de suspension ainsi que je vais le dire.

et se prolonge ensuite de part et d'autre en revenant par l'intérieur de ces tubes; ses deux extrémités sortent en D et en F, l'une DG descend verticalement, l'autre est recourbée comme on le voit en FHK; elles sont toutes deux terminées par des pointes d'acier qui plongent dans le mercure contenu dans les deux petites coupes M et N et mis en communication avec les deux extrémités de la pile, la pointe supérieure appuyant seule contre le fond de la coupe N. Je n'ai pas besoin de dire que celle des deux extrémités de cette aiguille à hélice électrique qui se trouve à droite des courants est celle qui présente, à l'égard du barreau aimanté, les phénomènes qu'offre le pôle austral d'une aiguille de boussole, et l'autre ceux du pôle boréal.

Je fis ensuite construire un appareil semblable à celui de la figure 1, dans lequel le conducteur fixe et le conducteur mobile étaient remplacés par des hélices de laiton entourant des tubes de verre, mais dont les prolongements, au lieu de revenir par ces tubes, étaient mis en communication avec les deux extrémités de la pile, comme les conducteurs rectilignes de la figure 1. C'est en faisant usage de cet instrument que je découvris un fait nouveau qui ne me parut pas d'abord s'accorder avec les autres phénomènes que j'avais jusqu'alors observés dans l'action mutuelle de deux courants électriques ou d'un courant et d'un aimant; j'ai reconnu depuis qu'il n'a rien de contraire à l'ensemble de ces phénomènes, mais qu'il faut, pour en rendre raison, admettre comme une loi générale de l'action mutuelle des courants électriques un principe que je n'ai encore vérifié d'une manière précise qu'à l'égard des courants dans des fils métalliques pliés en hélice, mais que je crois vrai en général, à l'égard des portions infiniment petites de courant électrique dont on doit concevoir tout courant d'une grandeur finie comme composé, lorsqu'on veut en calculer les effets, soit qu'il ait lieu suivant une ligne droite ou une courbe.

Pour se faire une idée nette de cette loi, il faut concevoir dans l'espace une ligne représentant en grandeur et en direction la résultante de deux forces qui sont semblablement représentées par deux autres lignes, et supposer, dans les directions de ces trois lignes, trois portions infiniment petites de courants électriques dont les intensités soient proportionnelles à leurs longueurs. La loi dont il s'agit consiste en ce que la petite portion de courant électrique dirigée suivant la résultante, exerce, dans quelque direction que ce soit, sur un autre courant ou sur un aimant une action attractive ou répulsive égale à celle qui résulterait, dans la même direction, de la réunion des deux portions de courants dirigées suivant les composantes. On conçoit aisément pourquoi il en est ainsi, dans le cas où l'on considère le courant dans un fil conducteur plié en hélice, à l'égard des actions qu'il exerce parallèlement à l'axe de l'hélice et dans des plans perpendiculaires à cet axe, puisque alors le rapport de la résultante et des composantes est le même pour chaque arc infiniment petit de cette courbe, ainsi que celui des actions produites par les portions de courants électriques correspondantes, d'où il suit que ce dernier rapport existe aussi entre les intégrales de ces actions. Au reste, si la loi dont nous venons de parler est vraie pour deux composantes relativement à leur résultante, elle ne peut manquer de l'être pour un nombre quelconque de forces relativement à la résultante de toutes ces forces, comme on le voit aisément, en l'appliquant successivement d'abord à deux des forces données, puis à leur résultante et à une autre de ces forces, et en continuant toujours de même jusqu'à ce qu'on arrive à la résultante de toutes les forces données. Il suit de ce que nous venons de dire relativement aux courants électriques dans des fils pliés en hélice, que l'action produite par le courant de chaque spire se compose de deux autres, dont l'une serait produite par un courant parallèle à l'axe de l'hélice, représenté en intensité par la hauteur de cette spire, et l'autre par un courant circulaire représenté par la section faite perpendiculairement à cet axe dans la surface cylindrique sur laquelle se trouve l'hélice; et comme la somme des hauteurs de toutes les spires, prise parallèlement à l'axe de l'hélice, est nécessairement égale à cet axe, il s'ensuit qu'outre l'action produite par les courants circulaires transversaux, que j'ai comparée à celle d'un aimant, l'hélice produit en même temps la même action qu'un courant d'égale intensité qui aurait lieu dans son axe.

Si l'on fait revenir par cet axe le fil conducteur qui forme l'hélice, en l'enfermant dans un tube de verre placé dans cette hélice pour l'isoler des spires dont elle se compose, le courant de cette partie rectiligne du fil conducteur, étant en sens contraire de celui qui équivaudrait à la partie de l'action de l'hélice qui a lieu parallèlement à son axe, repoussera ce que celui-ci attirerait et attirera ce qu'il repousserait; l'action longitudinale de l'hélice sera donc détruite par celle de la portion rectiligne du conducteur, et il ne résultera de la réunion de celui-ci avec l'hélice que la seule action des courants circulaires transversaux, parfaitement semblable à celle d'un aimant cylindrique. Cette réunion avait lieu dans l'instrument représenté dans la figure 3, sans que j'en eusse prévu les avantages, et c'est pour cela qu'il m'a présenté exactement les effets d'un aimant, et que les hélices, où il ne revenait pas dans l'axe une portion rectiligne du conducteur, me présentaient en outre les effets d'un conducteur rectiligne égal à l'axe de ces hélices; et comme le rayon des surfaces cylindriques sur lesquelles elles se trouvaient était assez petit dans les hélices dont je me servais, c'étaient même les effets dans le sens longitudinal qui étaient les plus sensibles, phénomène qui m'étonnait beaucoup avant que j'en eusse découvert la cause; j'étais encore à la chercher, et je voulais, par de nouvelles expériences, étudier toutes les circonstances de ce phénomène, que j'avais d'abord observé dans l'action de deux conducteurs pliés en hélice, et ensuite dans celle d'un conducteur de ce genre et d'une aiguille aimantée, lorsque M. Arago l'observa dans ce dernier cas, avant que je lui en eusse parlé. Ces hélices, dont le fil revient en ligne droite par l'axe, seront un instrument précieux pour les expériences de recherche, non seulement parce qu'elles offriront le même genre d'action que les aimants, en donnant peu de hauteur aux spires, mais encore parce qu'en leur en donnant beaucoup, on aura un conducteur à peu près adynamique, pour porter et rapporter le courant électrique, sans qu'il y ait lieu de craindre que les courants qui se trouvent dans cette portion du conducteur altèrent les effets des autres parties du circuit, dont il s'agirait d'observer ou de mesurer l'action.

Fig. 4.

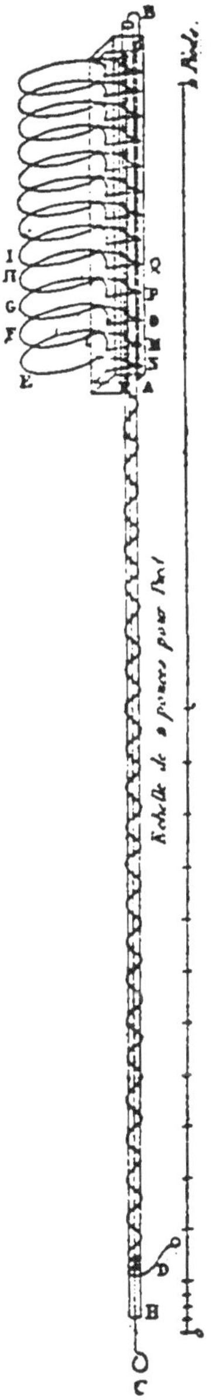

On peut aussi imiter exactement les phénomènes de l'aimant au moyen d'un fil conducteur plié comme dans la figure 4, où il y a, entre toutes les portions du conducteur qui se trouvent dans le sens de l'axe, la même compensation qui a lieu, dans les hélices dont nous venons de parler, entre l'action de la portion rectiligne du conducteur et celle que les spires exercent en sens contraire parallèlement à l'axe de l'hélice.

On voit que, dans cet instrument, le fil de laiton qui est renfermé dans le tube BH est le prolongement de celui qui forme les anneaux circulaires E, F, G, etc., et que chaque anneau tient au suivant par un petit arc d'une hélice dont chaque spire aurait une grande hauteur relativement au rayon de la surface cylindrique sur laquelle elle se trouve.

L'action qu'exercent les projections parallèles à l'axe du tube de ces petits arcs d'hélice, désignés dans la figure par les lettres M, N, O, etc., étant égale et opposée à celle de la portion AB du conducteur, il ne reste, dans cet appareil, que les actions des projections dans des plans perpendiculaires à l'axe du tube;

et comme celles des arcs M, N, O, etc. dans ces plans sont très petites, ce seront les actions des anneaux E, F, G, etc., dont on obtiendra les effets dans les expériences faites avec cet instrument.

Dès mes premières recherches sur le sujet dont nous nous occupons, j'avais cherché à trouver la loi suivant laquelle varie l'action attractive ou répulsive de deux courants électriques, lorsque leur distance et les angles qui déterminent leur position respective changent de valeurs. Je fus bientôt convaincu qu'on ne pouvait conclure cette loi d'expériences directes, parce qu'elle ne peut avoir une expression simple qu'en considérant des portions de courants d'une longueur infiniment petite, et qu'on ne peut faire d'expérience sur de tels courants; l'action de ceux dont on peut mesurer les effets est la somme des actions infiniment petites de leurs éléments, somme qu'on ne peut obtenir que par deux intégrations successives, dont l'une doit se faire dans toute l'étendue d'un des courants pour un même point de l'autre, et la seconde s'exécuter sur le résultat de la première pris entre les limites marquées par les extrémités du premier courant, dans toute l'étendue du second; c'est le résultat de cette dernière intégration, pris entre les limites marquées par les extrémités du second courant, qui peut seul être comparé aux données de l'expérience; d'où il suit, comme je l'ai dit dans le Mémoire que j'ai lu à l'Académie le 9 octobre dernier, que ces intégrations sont la première chose dont il faut s'occuper lorsqu'on veut déterminer, d'abord l'action mutuelle des deux courants d'une longueur finie, soit rectilignes, soit curvilignes, en faisant attention que, dans un courant curviligne, la direction des portions dont il se compose est déterminée, à chaque point, par la tangente à la courbe suivant laquelle il a lieu, et ensuite celle d'un courant électrique sur un aimant, ou de deux aimants l'un sur l'autre, en considérant, dans ces deux derniers cas, les aimants comme des assemblages de courants électriques disposés comme je l'ai dit plus haut. D'après une belle expérience de M. Biot, les courants situés dans un même plan perpendiculaire à l'axe de l'aimant doivent être regardés comme ayant la même intensité, puisqu'il résulte de cette expérience, où il a comparé les effets produits par l'action de la terre sur deux barreaux de même grandeur, de même forme et aimantés de la même manière, dont l'un était vide et non l'autre, que la force motrice était proportionnelle à la masse et que, par conséquent, les causes auxquelles elle était due agissaient avec la même intensité sur toutes les particules d'une même tranche perpendiculaire à l'axe, l'intensité variant d'ailleurs d'une tranche à l'autre, suivant que ces tranches sont plus loin ou plus près des pôles. Quand l'aimant est un solide de révolution autour de la ligne qui en joint les deux pôles, tous les courants d'une même tranche doivent en outre être des cercles : ce qui donne un moyen pour simplifier les calculs relatifs aux aimants de cette forme, en calculant d'abord l'action d'une portion infiniment petite d'un courant électrique sur un assemblage de courants circulaires concentriques occupant tout l'espace renfermé dans la surface d'un cercle, de manière que les intensités qu'on leur attribue dans le calcul soient proportionnelles à la distance infiniment petite de deux courants consécutifs, mesurée sur un rayon, puisque sans cela le résultat de l'intégration dépendrait du nombre des parties infiniment petites dans lesquelles on aurait divisé ce rayon par les circonférences qui représentent les courants, ce qui est absurde. Comme un courant circulaire est attiré dans la partie où il a lieu dans la direction du courant qui agit sur lui, et repoussé dans la partie où il a lieu en sens contraire, l'action sur une surface de cercle perpendiculaire à l'axe de l'aimant consistera en une résultante égale à la différence entre les attractions et répulsions décomposées parallèlement à cette résultante, et un couple résultant que les attractions et répulsions tendront également à produire. On en trouvera la valeur par des intégrations relatives aux rayons des courants circulaires, qui devront être prises depuis zéro jusqu'au rayon de la surface quand l'aimant est plein, et entre les rayons des surfaces intérieure et extérieure quand c'est un cylindre creux. Il faudra multiplier alors le résultat de cette opération :

1° Par l'épaisseur infiniment petite de la tranche et par l'intensité commune des courants dont elle est composée ;

2° Par l'intensité et la longueur d'une portion infiniment petite du courant électrique qu'on suppose agir sur elle; et on aura ainsi les valeurs de la résultante et du couple résultant, dont se compose l'action élémentaire entre une tranche circulaire ou en forme de couronne, et une portion infiniment petite de ce courant.

Au moyen de cette valeur, s'il s'agit de l'action mutuelle d'un aimant et d'un courant, soit rectiligne d'une longueur finie, soit curviligne, il n'y aura plus, pour trouver la valeur de cette action, qu'à exécuter les intégrations qu'exigera le calcul de la résultante et du couple résultant de toutes les actions élémentaires entre chaque tranche de l'aimant et chaque portion infiniment petite du courant électrique.

Mais, s'il s'agit de l'action mutuelle de deux aimants cylindriques, creux ou solides, il faudra d'abord reprendre la valeur de celle d'une tranche circulaire ou en forme de couronne et d'une portion infiniment petite de courant électrique, pour en conclure, par deux intégrations, l'action mutuelle entre cette tranche et une tranche semblable, en considérant celle-ci comme composée de courants circulaires, disposés comme dans la première; on aura ainsi la résultante et le couple résultant de l'action mutuelle de deux tranches infiniment minces, et par de nouvelles intégrations on obtiendra les mêmes choses relativement à celle de deux aimants compris sous des surfaces de révolution, après toutefois qu'on aura déterminé, par la comparaison des résultats du calcul et de ceux de l'expérience, suivant quelle fonction de la distance de chaque tranche à un des pôles de l'aimant, varie l'intensité des courants électriques de cette tranche. Je n'ai point encore achevé les calculs qui sont relatifs, soit à l'action d'un aimant et d'un courant électrique, soit à l'action mutuelle de deux aimants [1], mais seulement

[1] Ces calculs supposent que la présence d'un courant électrique ou d'un autre aimant ne change rien aux courants électriques de l'aimant sur lequel ils agissent. Cela n'a jamais lieu pour le fer doux; mais, comme l'acier trempé conserve les modifications qu'on lui fait éprouver par ce

ceux par lesquels j'ai déterminé l'action mutuelle de deux courants rectilignes d'une grandeur finie, en admettant que l'action qui a lieu entre les portions infiniment petites de ces courants est exprimé par une formule qu'il est aisé de déduire de la loi dont j'ai parlé tout à l'heure. J'avais d'abord projeté de ne publier cette formule et ses diverses applications que quand j'aurais pu en comparer les résultats à des expériences de mesures précises; mais, après avoir considéré toutes les circonstances que présentent les phénomènes, j'ai pensé qu'elle était appuyée sur des preuves suffisantes pour n'en pas retarder davantage la publication, et ce sera le premier objet dont je m'occuperai dans le Mémoire suivant.

J'avais fait construire, pour ces expériences, un instrument que je montrai, le 17 octobre dernier, à MM. Biot et Gay-Lussac, et qui ne différait de celui qui est représenté figure 1, qu'en ce que le conducteur fixe de ce dernier était remplacé par un conducteur attaché à un cercle qui tournait autour d'un axe horizontal perpendiculaire à la direction du conduc-

moyen, soit dans les expériences de M. Arago sur l'aimantation de l'acier par un courant électrique, soit dans l'emploi des procédés de l'aimantation ordinaire, il me paraît que quand de l'acier aimanté se trouve précisément dans le même état qu'auparavant, après qu'un autre aimant ou un courant électrique ont agi sur lui, on peut en conclure qu'ils n'avaient pas, pendant leur action, changé sensiblement la direction et l'intensité des courants dont il se compose; sans quoi, les modifications qu'ils leur auraient fait subir subsisteraient après que cette action aurait cessé.

teur mobile, au moyen d'une poulie de renvoi, et gradué de manière qu'on voyait sur le limbe l'angle formé par les directions des deux courants, dans les différentes positions qu'on pouvait donner successivement au conducteur porté par le cercle gradué.

Je ne figure pas cet appareil dans les planches jointes à ce Mémoire, parce qu'en conservant la même disposition pour ce dernier conducteur, et en plaçant le conducteur mobile dans une situation verticale, j'ai construit l'appareil représenté figure 5, qui est beaucoup plus propre à faire exactement les mesures que j'avais en vue, surtout depuis que j'ai donné au support du cercle gradué, outre le mouvement par lequel on peut l'éloigner ou le rapprocher du conducteur mobile, au moyen d'une vis de rappel, deux autres mouvements, l'un vertical, et l'autre dans le sens horizontal et perpendiculaire à la direction des deux autres. Le premier de ces trois mouvements est indispensable pour toute mesure à prendre avec l'instrument, il avait seul lieu dans mon premier appareil; les deux mouvements que j'y ai ajoutés ont pour objet de donner la facilité de faire des mesures dans le cas où la ligne qui joint les milieux des deux courants ne leur est pas perpendiculaire. C'est pourquoi j'ai pensé qu'on pouvait se dispenser de les régler par des vis de rappel, et les faire à la main avant l'expérience, pourvu qu'on pût ensuite fixer d'une manière stable le support du cercle gradué dans la position qu'on lui aurait ainsi donnée.

C'est ce nouvel instrument que j'ai fait représenter figure 5, et dont je vais expliquer la construction; si je parle ici du premier, c'est parce que c'est avec lui que j'ai remarqué, pour la première fois, l'action du globe terrestre sur les courants électriques, qui altérait les effets de l'action mutuelle de deux conducteurs que j'avais l'intention de mesurer. J'interrompis alors ces observations, et je fis construire les deux appareils

Fig. 5.

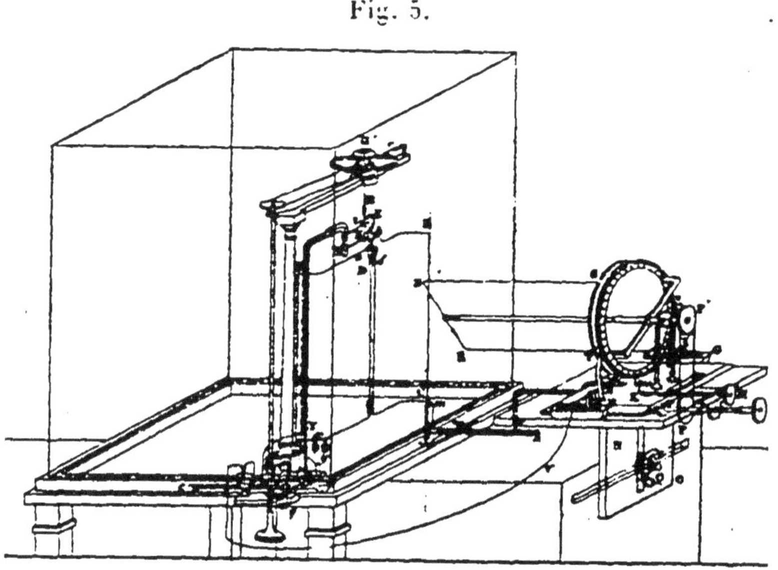

qui mettent cette action de la terre dans tout son jour et avec lesquels j'ai produit également, dans des courants électriques, les mouvements qui correspondent à la direction de la boussole dans le plan de l'horizon suivant la ligne de déclinaison, et à celle de l'aiguille d'inclinaison dans le plan du méridien magnétique; ces derniers instruments, et les expériences que j'ai faites avec eux, seront décrits dans le paragraphe suivant, comme ils l'ont été dans le Mémoire que je lus à l'Académie des Sciences le 30 octobre dernier. Revenons à l'appareil pour mesurer l'action de deux courants électriques dans toutes sortes de positions, et qui est représenté dans la figure 5.

Les trois mouvements du support KFG ont lieu, le premier à l'aide de la vis de rappel M, les deux autres au moyen de ce que ce support est fixé à une pièce de bois N, qui peut glisser, dans les deux sens horizontal et vertical, sur une autre pièce de bois O fixée au pied de l'instrument. Dans l'une est pratiquée une fente horizontale, dans l'autre une fente verticale, et à l'intersection des directions de ces deux fentes se trouve un écrou Q qui sert à arrêter la pièce mobile sur celle qui est fixe, dans la position qu'on veut lui donner. Le mouvement de rotation du cercle gradué, à l'aide duquel on incline à volonté la portion du fil conducteur attachée à ce cercle, s'exécute au moyen de deux poulies de renvoi P et P′. Pour que la terre n'exerce aucune action sur le conducteur mobile, qui est équilibré par les petits contrepoids x, y, il est composé de deux parties égales et opposées ABCd, abcDE, auxquelles j'ai donné la forme qu'on voit dans la figure; et pour que ses deux extrémités puissent être mises en communication avec celles de la pile, il est interrompu à l'angle A, par lequel il est suspendu à un fil HH′ dont la torsion doit faire équilibre à l'attraction ou répulsion des deux courants. La branche BA se prolonge au delà de A, et la branche DE au delà de E, et elles se terminent par les pointes K, L, qui plongent dans deux petites coupes pleines de mercure, mais n'en atteignent point le fond.

Le pied qui porte ces deux petites coupes peut être avancé ou reculé au moyen de l'écrou q, qui le fixe dans la rainure ef; elles peuvent être en fer ou en platine; l'une d'elles est mise en communication avec une des deux extrémités de la pile par le conducteur XU enfermé dans un tube de verre autour duquel est plié en hélice à hautes spires le conducteur YVT, terminé par une sorte de ressort en cuivre, qui s'appuie en T sur la circonférence du cercle gradué, où il se trouve en contact avec un cercle en fil de laiton communiquant avec la branche SS' du conducteur dont la partie SR est destinée à agir sur le conducteur mobile, et dont la branche RR' tient à un second cercle en fil de laiton sur lequel s'appuie en Z un ressort ZI semblable au premier, et qui communique, du côté de I, avec l'autre extrémité de la pile. Il est clair qu'en faisant tourner le cercle gradué autour de l'axe horizontal qui le supporte, la partie SR du conducteur tournera dans un plan vertical, de manière à former tous les angles qu'on voudra avec la direction de la partie BC du conducteur mobile, sur laquelle elle agit à travers la cage de verre où est renfermé ce conducteur mobile, pour qu'il ne puisse participer aux agitations de l'air.

Pour mesurer les attractions et les répulsions des deux conducteurs à différentes distances, lorsqu'ils sont parallèles et que la ligne qui en joint les milieux leur est perpendiculaire, on tourne l'axe vertical auquel est attaché le fil de suspension de manière que la partie BC du conducteur mobile réponde au zéro de l'échelle *gh*; ce qu'on obtient en la plaçant immédiatement au-dessus du biseau qui termine la pièce en cuivre *m*; un indice *np* attaché en *n* au support du cercle gradué marque sur cette échelle la distance des deux portions de conducteur BC et SR. Lorsqu'on établit la communication des deux extrémités du circuit avec celles de la pile, la portion mobile BC se porte en avant ou en arrière suivant qu'elle est attirée ou repoussée par SR; mais on la ramène dans la position où elle se trouvait auparavant en faisant tourner l'axe du fil de suspension; le nombre des tours et portions de tour, marqué par l'indice r sur le cadran pq attaché à cet axe, donne la valeur de l'attraction ou de la répulsion des deux courants électriques, mesurée par la torsion du fil.

Il n'est pas nécessaire de rappeler aux physiciens accoutumés à faire des mesures de ce genre, que l'intensité des courants variant sans cesse avec l'énergie de la pile, il faut, entre chaque expérience à différentes distances, en faire une à une distance constante, afin de connaître, par l'action observée chaque fois à cette distance constante, et les règles ordinaires d'interpolation, comment varie l'intensité des courants, et quelle en est la valeur à chaque instant. On s'y prendra de la même manière pour comparer les attractions et répulsions à une distance constante lorsque l'on fait varier l'angle des directions des deux courants, dans le cas où la ligne qui en joint les milieux ne cesse pas de leur être perpendiculaire. Les observations intermédiaires, pour déterminer par interpolation l'énergie de la pile à chaque instant, seront même alors plus faciles, puisque la distance des deux portions de conducteur BC et SR ne variant point, il suffira de faire tourner le cercle gradué pour ramener chaque fois SR dans la direction parallèle à BC. Enfin, lorsqu'on voudra mesurer l'action mutuelle de BC et de SR, lorsque la ligne qui en joint les milieux n'est pas perpendiculaire à leur direction, on donnera au support du cercle gradué la situation convenable au moyen de l'écrou Q qui le fixe au reste de l'appareil dans la position qu'on veut lui donner; et en faisant alors une série d'expériences semblables à celles du cas précédent, on pourra comparer les résultats obtenus dans chaque situation des conducteurs des courants électriques à ceux qu'on aura eu dans le cas où la ligne qui en joint les milieux leur est perpendiculaire, en faisant cette comparaison pour une même plus courte distance des courants, et ensuite pour des distances différentes. On aura ainsi tout ce qu'il faut pour voir comment et jusqu'à quel point ces diverses circonstances influent sur l'action mutuelle des courants électriques : il ne s'agira plus que de voir si l'ensemble de ces résultats s'accorde avec le calcul des effets qui doivent être produits dans chaque circonstance, d'après la loi d'attraction qu'on aura admise entre deux portions infiniment petites de courants électriques.

Par l'addition d'un autre conducteur mobile dont la suspension est exactement la même, qui est de même composé de deux parties égales et opposées et que j'ai fait représenter à part (*fig.* 6), j'ai rendu cet instrument propre à mesurer aussi le moment des forces, qui tendent à faire tourner un conducteur par l'action d'un autre conducteur qui fait successivement avec lui différents angles auxquels répondent différents moments. Ce conducteur mobile ABOCDEF a la forme qu'on voit dans la figure 6, et se trouve suspendu au milieu de son côté horizontal supérieur, où il est interrompu entre les points A, F, où les deux extrémités de ce conducteur portent les deux pointes d'acier M, N, qui sont situées dans une même ligne verticale, et plongent dans le mercure des deux petites coupes de la figure 5, sans en toucher le fond à cause de la suspension au fil de torsion. Pour mesurer le moment de rotation produit par un conducteur rectiligne, on en place un sous la cage de verre très près du côté

Fig. 6.

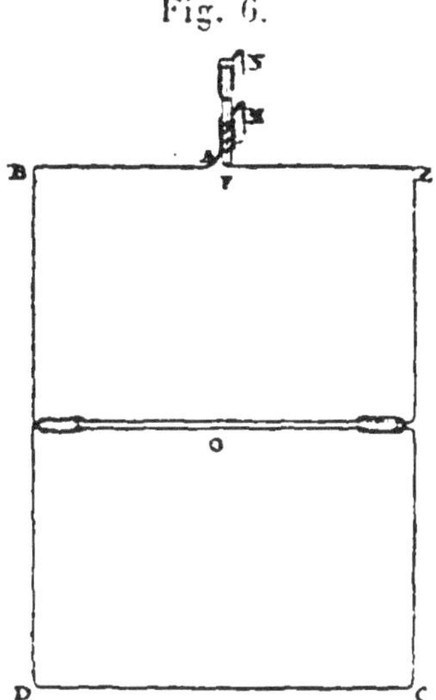

horizontal inférieur CD (*fig.* 6) du conducteur mobile, de manière qu'il réponde à son milieu; ce dernier tourne alors par l'action du conducteur fixe sans être influencé par celle de la terre, parce qu'il y a compensation entre les actions qu'elle exerce sur les deux moitiés égales et opposées du conducteur mobile.

II. — DIRECTION DES COURANTS ÉLECTRIQUES PAR L'ACTION DU GLOBE TERRESTRE (1).

Je n'ai pas réussi dans les premières expériences que

(1) Ce qui est contenu dans ce paragraphe a été lu à l'Académie royale des Sciences, dans sa séance du 30 octobre dernier.

j'ai tentées pour faire mouvoir le fil conducteur d'un courant électrique par l'action du globe terrestre, moins peut-être par la difficulté d'obtenir une suspension assez mobile, que parce qu'au lieu de chercher dans la théorie qui ramène les phénomènes de l'aimant à ceux des courants électriques la disposition la plus favorable à cette sorte d'action, j'étais préoccupé de l'idée d'imiter le plus que je le pouvais la disposition des courants électriques de l'aimant dans l'arrangement de ceux sur lesquels je voulais observer l'action de la terre dans le cas où ils sont produits par la pile de Volta: cette seule idée m'avait guidé dans la construction de l'instrument représenté figure 3, et elle m'empêchait de faire attention que ce n'est en quelque sorte que d'une manière indirecte que cette action porte le pôle austral de l'aiguille aimantée au nord et en bas, et le pôle boréal au sud et en haut: que son effet immédiat est de placer les plans perpendiculaires à l'axe de l'aimant, dans lesquels se trouvent les courants électriques dont il se compose, parallèlement à un plan déterminé par l'action résultante de tous ceux de notre globe, et qui est, dans chaque lieu, perpendiculaire à l'aiguille d'inclinaison. Il suit de cette considération que ce n'est pas une ligne droite, mais un plan que l'action terrestre doit immédiatement diriger; qu'ainsi ce qu'il faut imiter, c'est la disposition de l'électricité suivant l'équateur de l'aiguille aimantée, équateur qui est une courbe rentrant sur elle-même, et voir ensuite si, lorsqu'un courant électrique est ainsi disposé, l'action de la terre tend à amener le plan où il se trouve dans une direction parallèle à celle où elle tend à amener l'équateur de l'aimant, c'est-à-dire dans une direction perpendiculaire à l'aiguille d'inclinaison, de manière que le courant qu'on essaie de diriger ainsi soit dans le même sens que ceux de l'aiguille aimantée qui a obéi à l'action du globe terrestre.

L'aimant reçoit des mouvements différents suivant qu'il ne peut que tourner dans le plan de l'horizon, comme l'aiguille d'une boussole, ou dans le plan du méridien magnétique, comme l'aiguille d'inclinaison attachée à un axe horizontal et perpendiculaire au méridien magnétique. Pour imiter ces deux mouvements en en imprimant d'analogues à un courant électrique, il faut que le plan dans lequel il se trouve soit, dans le premier cas, vertical comme celui de l'équateur d'une aiguille aimantée horizontale, et tourne autour de la verticale qui passe par son centre de gravité; et dans le second, qu'il ne puisse, comme l'équateur de l'aiguille d'inclinaison, tourner qu'autour d'une ligne comprise dans ce plan, qui soit à la fois horizontale et perpendiculaire au méridien magnétique.

J'ai mis d'abord dans ces deux positions une double spirale de cuivre qui m'a paru très propre à représenter les courants électriques de l'équateur d'un aimant; et j'ai vu cet appareil se mouvoir quand j'y ai établi un courant électrique, précisément comme l'aurait fait, dans le premier cas, l'équateur de l'aiguille d'une boussole, et dans le second celui d'une aiguille d'inclinaison. Mais il m'est arrivé la même chose qu'à M. Œrsted. Dans ses expériences, la force directrice du courant électrique qu'il faisait agir sur une aiguille aimantée tendait à la placer dans une direction qui fît un angle droit avec celle du courant: mais il n'obtenait jamais une déviation de 100° en laissant le fil conducteur dans la direction du méridien magnétique, parce que l'action du globe terrestre se combinant avec celle du courant électrique, l'aiguille aimantée se dirigeait suivant la résultante de ces deux actions. Dans les expériences faites avec la double spirale, la force directrice de la terre était contrariée, dans le premier cas, par la torsion du fil auquel cet instrument était suspendu; dans le second, par sa pesanteur, parce que le centre de gravité ne pouvait être exactement situé dans la ligne horizontale autour de laquelle tournait le plan de la double spirale.

Je pensai alors qu'en multipliant le nombre des spires dont cette spirale était composée, on n'augmentait pas pour cela l'effet produit par l'action de la terre, parce que la masse à mouvoir augmentait proportionnellement à la force motrice, d'où je conclus que j'obtiendrais plus simplement les mêmes phénomènes de direction en employant, pour représenter l'équateur d'une aiguille aimantée, un seul courant électrique revenant sur lui-même, et formant un circuit si ce n'est absolument fermé, car alors il eût été impossible d'établir le courant dans le fil de cuivre, du moins ne laissant que l'interruption suffisante pour faire communiquer ses deux extrémités avec celles de la pile.

Je compris en même temps que la forme du circuit était indifférente, pourvu que toutes les parties en fussent dans un même plan, puisque c'était un plan qu'il s'agissait de diriger.

Je fis construire alors deux appareils; dans l'un le fil conducteur a la forme d'une circonférence ABCD (*fig.* 7), dont le rayon a un peu plus de 2^{dm}. Les deux extrémités du fil de laiton dont cette circonférence est formée sont soudées aux deux boîtes de cuivre E, F, attachées à un tube de verre Q, et qui portent deux

Fig. 7.

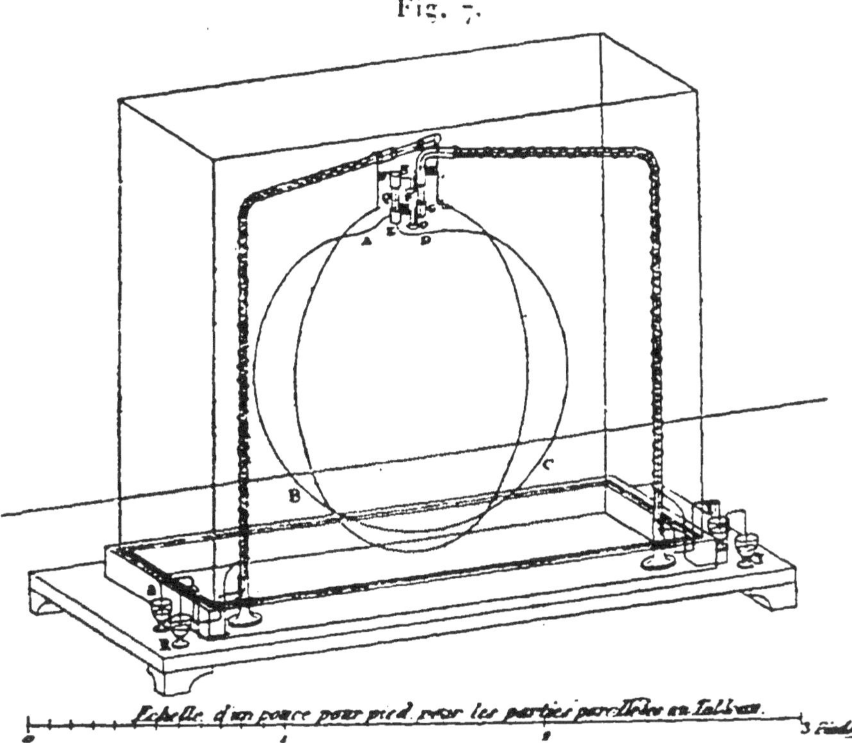

pointes d'acier M et N plongeant dans le mercure, contenu dans les deux petites coupes de platine O, P, et dont la supérieure N atteint seule le fond de la coupe P. Ces deux coupes sont portées par les boîtes de cuivre G, H, qui communiquent aux deux extrémités de la pile, au moyen de deux conducteurs en fil de laiton, dont l'un est renfermé dans le tube de verre qui porte ces deux dernières boîtes et sert de pied à l'instrument, et l'autre forme autour de ce tube une hélice dont les spires ont une assez grande hauteur relativement au diamètre du tube, afin que les actions exercées par les deux portions de courants qui parcourent ces conducteurs en sens contraire se neutralisent à peu près complètement. J'ai placé sous la cage de verre, qui recouvre cet instrument pour le mettre à l'abri des agitations de l'air, un autre cercle en fil de laiton, d'un diamètre un peu plus grand, qui est fixe et supporté par un pied semblable à celui du cercle mobile, dans la situation qu'on voit dans la figure. Ce cercle communique aussi avec deux conducteurs disposés de la même manière, et qui servent de même à y faire passer le courant électrique lorsque, au lieu d'observer l'action du globe terrestre sur le cercle mobile, on veut voir les effets de celle de deux courants circulaires l'un sur l'autre, tandis que quand on veut observer l'action qu'exerce la terre sur un courant électrique, on ne fait passer ce courant que dans le cercle mobile. Comme il n'est question ici que de l'action du globe terrestre, je ne parlerai que du cas où les conducteurs du cercle mobile sont seuls en communication avec les deux extrémités de la pile. Le cercle fixe ne sert alors qu'à indiquer d'une manière précise le plan vertical et perpendiculaire au méridien magnétique, où le cercle mobile doit être amené par l'action de la terre. On place donc d'abord le cercle fixe dans ce plan au moyen d'une boussole, et le cercle mobile dans une autre situation qui sera, par exemple, celle du méridien magnétique lui-même; alors dès qu'on y fera passer un courant électrique, il tournera pour se porter dans le plan indiqué par le cercle fixe, le dépassera d'abord en vertu de la vitesse acquise, puis y reviendra et s'y arrêtera après quelques oscillations.

Le sens dans lequel ce mouvement a lieu dépend de celui du courant électrique établi dans le cercle mobile; pour le prévoir d'avance, on considérera une ligne passant par le centre de ce cercle et perpendiculaire à son plan; cette ligne arrivera dans le méridien magnétique lorsque le cercle mobile sera amené dans le plan qui lui est perpendiculaire, et elle y arrivera de manière que celle de ces deux extrémités qui est à droite du courant considéré comme agissant sur un point pris à volonté hors de ce cercle, et par conséquent à gauche de l'observateur qui, placé dans le sens du courant, regarderait l'aiguille, extrémité qui représente le pôle austral d'une aiguille aimantée, se trouve dirigée du côté du nord; ce qui suffit pour déterminer le sens du mouvement que prendra le cercle mobile.

Dans l'autre appareil, l'équateur de l'aiguille d'inclinaison est représenté par un rectangle en fil de laiton d'environ 3^{dm} de largeur sur 6^{dm} de longueur. La suspension est d'ailleurs la même que celle de l'aiguille d'inclinaison. C'est avec ces deux instruments que, dans des expériences souvent répétées, j'ai observé les phénomènes de direction par l'action de la terre, bien plus complètement que je ne l'avais fait avec la double spirale. Dans le premier, le cercle mobile s'est, ainsi que je viens de le dire, arrêté précisément dans la situation où l'action du globe terrestre devait l'amener d'après la théorie; dans le second, le conducteur mobile a constamment quitté une position où j'avais constaté, en le faisant osciller, que l'équilibre était stable, pour se porter dans une situation plus ou moins rapprochée de celle qu'aurait prise, dans les mêmes circonstances, l'équateur d'une aiguille aimantée, et il s'y arrêtait, après quelques oscillations, en équilibre entre la force directrice de la terre et la pesanteur qui agissait alors en faisant plier le fil de laiton, ce qui abaissait le centre de gravité du conducteur au-dessous de l'axe horizontal. Dès qu'on interrompait le circuit, on le voyait revenir à sa première position, ou s'il n'y revenait pas précisément, s'il en restait même quelquefois assez éloigné, il était évident, par toutes les circonstances de l'expérience, que cela tenait à la flexion dont je viens de parler, qui avait produit dans la situation du centre de gravité une légère altération qui subsistait quand on faisait cesser le courant électrique.

Dans les expériences faites avec ces deux instruments, j'ai eu soin de changer les extrémités des fils conducteurs relativement à celles de la pile, pour constater que le courant qui est dans celle-ci n'était pas la cause de l'effet produit, puisque alors il aurait toujours eu lieu dans le même sens, et que cet effet avait lieu en sens contraire, conformément à la théorie. J'ai aussi, en laissant les mêmes extrémités en communication, fait passer de la droite à la gauche de l'instrument les fils qui faisaient communiquer le conducteur mobile aux deux extrémités de la pile, pour constater que les courants de ces fils, dont je tenais d'ailleurs la plus grande portion loin de l'instrument, n'avaient pas d'influence sensible sur ses mouvements. Je n'ai pas besoin de dire que, dans tous les cas, les mouvements ont lieu dans le sens où se mouvrait l'équateur d'une aiguille aimantée, c'est-à-dire que l'extrémité de la perpendiculaire au plan du conducteur, qui se trouve à droite du courant et par conséquent à gauche de la personne qui le regarde dans la situation décrite dans le premier paragraphe de ce Mémoire, est porté au nord quand le conducteur mobile était d'abord horizontal, et en bas quand il était placé d'abord dans un plan vertical perpendiculaire au méridien magnétique, comme le serait le pôle austral d'un aimant que cette extrémité représente. L'instrument avec lequel j'ai fait cette expérience se compose d'un fil de laiton ABCDEFG soudé en A à un morceau de fil semblable HAK porté par le tube de verre XY au moyen de la boîte en cuivre H, et auquel est fixé un petit axe en acier qui repose sur le rebord taillé en biseau d'une lame en fer N sur laquelle on met du mercure en contact avec cet axe. La partie FG de ce fil de laiton passe dans le tube de verre et se soude à la boîte en cuivre, à laquelle est attaché un petit axe en acier semblable à l'autre et qui repose sur le rebord d'une autre lame M où l'on met aussi du mercure. Les deux lames en fer M, N sont supportées par les pieds PQ, RS, qui communiquent avec le mercure des coupes de buis T, U, où l'on fait plonger les deux conducteurs partant des deux extrémités de la pile. Pour empêcher la flexion du fil de laiton ABCDEF, le tube de verre XY porte, au moyen d'une autre boîte en cuivre I, un losange en bois ZV très léger et très mince, dont les extrémités soutiennent les milieux des portions BC, DE du fil de laiton qui sont parallèles au tube de verre XY.

L'interposition du mercure dans cet instrument et dans ceux que je viens de décrire, partout où la communication doit avoir lieu par des parties qui ne sont pas soudées, sans être toujours nécessaire, est le meilleur moyen que je connaisse pour assurer la réussite des expériences. Ainsi, j'avais deux fois tenté sans succès une expérience qui a parfaitement réussi quand, en l'essayant une troisième fois, j'ai rendu la communication plus complète par un globule de mercure.

III — DE L'ACTION MUTUELLE ENTRE UN CONDUCTEUR ÉLECTRIQUE ET UN AIMANT.

C'est cette action découverte par M. Œrsted, qui m'a conduit à reconnaître celle de deux courants électriques l'un sur l'autre, celle du globe terrestre sur un courant, et la manière dont l'électricité produisait tous les phénomènes que présentent les aimants, par une distribution semblable à celle qui a lieu dans le conducteur d'un courant électrique, suivant les courbes fermées perpendiculaires à l'axe de chaque aimant. Ces vues, dont la plus grande partie n'a été que plus tard confirmée par l'expérience, furent communiquées à l'Académie royale des Sciences, dans sa séance du 18 septembre 1820; je vais transcrire ce que je lus dans cette séance, sans autres changements que la suppression des passages qui ne seraient qu'une répétition de ce que je viens de dire, et en particulier de ceux où je décrivais les appareils que je me proposais de faire construire; ils l'ont été depuis, et la plupart sont décrits dans les paragraphes précédents. On pourra, par ce moyen, se faire une idée plus juste de la marche que j'ai suivie dans mes recherches sur le sujet dont nous nous occupons.

Les expériences que j'ai faites sur l'action mutuelle des conducteurs, qui mettent en communication les extrémités d'une pile voltaïque, m'ont montré que tous les faits relatifs à cette action peuvent être ramenés à deux résultats généraux, qu'on doit considérer d'abord comme uniquement donnés par l'observation, en attendant qu'on puisse les ramener à un principe unique, en déterminant la nature et, s'il se peut, l'expression analytique de la force qui les produit. Je commencerai par les énoncer sous la forme qui me paraît la plus simple et la plus générale.

Ces résultats consistent, d'une part, dans l'action directrice d'un de ces corps sur l'autre; d'autre part, dans l'action attractive ou répulsive qui s'établit entre eux, suivant les circonstances.

Action directrice. — Lorsqu'un aimant et un conducteur agissent l'un sur l'autre, et que l'un d'eux étant fixe, l'autre ne peut que tourner dans un plan perpendiculaire à la plus courte distance du conducteur et de l'axe de l'aimant, celui qui est mobile tend à se mouvoir de manière que les directions du conducteur et de l'axe de l'aimant forment un angle droit, et que le pôle de l'aimant qui regarde habituellement le Nord soit à gauche de ce qu'on appelle ordinairement *le courant galvanique*, dénomination que j'ai cru devoir changer en celle de courant électrique, et le pôle opposé à sa droite, bien entendu que la ligne qui mesure la plus courte distance du conducteur et l'axe de l'aimant rencontre la direction de cet axe entre les deux pôles. Pour conserver à cet énoncé toute la généralité dont il est susceptible, il faut distinguer deux sortes de conducteurs : 1° la pile même, dans laquelle le courant électrique, dans le sens où j'emploie ce mot, se porte de l'extrémité où il se produit de l'hydrogène dans la décomposition de l'eau à celle d'où l'oxygène se dégage; 2° le fil métallique qui unit les deux extrémités de la pile, et où l'on doit alors considérer le même courant comme se portant, au contraire, de l'extrémité qui donne de l'oxygène à celle qui développe de l'hydrogène. On peut comprendre ces deux cas dans une même définition, en disant qu'on entend par courant électrique la direction suivant laquelle l'hydrogène et les bases des sels sont transportés par l'action de toute la pile, en concevant celle-ci comme formant avec le conducteur un seul circuit, lorsqu'on interrompt ce circuit pour y placer, soit de l'eau, soit une dissolution saline que cette action décompose. Au reste, tout ce que je vais dire sur ce sujet ne suppose aucunement qu'il y ait réellement un courant dans cette direction, et on peut ne considérer que comme une manière commode et usitée de la désigner l'emploi que je fais ici de cette dénomination de courant électrique.

Dans les expériences de M. Œrsted, cette action directrice se combine toujours avec celle que le globe terrestre exerce sur l'aiguille aimantée, et se combine en outre quelquefois avec l'action que je décrirai tout à l'heure sous la dénomination d'*action attractive ou répulsive;* ce qui conduit à des résultats compliqués dont il est difficile d'analyser les circonstances et de reconnaître les lois.

Pour pouvoir observer les effets de *l'action directrice* d'un courant électrique sur un aimant, sans qu'ils fussent altérés par ces diverses causes, j'ai fait construire un instrument que j'ai nommé *aiguille aimantée astatique*. Cet instrument (*fig.* 8) consiste dans une aiguille aimantée AB fixée perpendiculairement à un axe CD, qu'on peut placer dans la direction que l'on veut, au moyen d'un mouvement semblable à celui du pied d'un télescope et de deux vis de rappel E, F.

Fig. 8.

L'aiguille ainsi disposée ne peut se mouvoir qu'en tournant dans un plan perpendiculaire à cet axe, dans lequel on a soin que son centre de gravité soit exactement placé, en sorte qu'avant qu'elle soit aimantée on puisse s'assurer que la pesanteur n'a aucune action pour la faire changer de position. On l'aimante alors, et cet instrument sert à vérifier que tant que le plan où se meut l'aiguille n'est pas perpendiculaire à la direction de l'aiguille d'inclinaison, le magnétisme terrestre tend à faire prendre à l'aiguille aimantée la direction de celle des lignes tracées sur ce plan qui est la plus rapprochée possible de l'axe de l'aiguille d'inclinaison, c'est-à-dire la direction de la projection de cet axe sur le même plan. On rend ensuite, au moyen des vis de rappel, le plan où se meut l'aiguille aimantée perpendiculaire à la direction de l'aiguille d'inclinaison, le magnétisme terrestre n'a plus alors aucune action pour la diriger, et elle devient ainsi complètement astatique. L'instrument porte dans le même plan un cercle LMN divisé en degrés, sur lequel sont fixés deux petits barreaux de verre GH, IK, pour attacher les fils conducteurs, dont l'action directrice agit alors seule et sans complication avec la pesanteur et le magnétisme terrestre.

La principale expérience à faire avec cet appareil est de montrer que l'angle entre les directions de l'aiguille et du conducteur est toujours droit quand *l'action directrice* est la seule qui ait lieu.

Action attractive ou répulsive. — Ce second résultat général consiste : 1° en ce qu'un conducteur joignant les deux extrémités d'une pile voltaïque et un aimant dont l'axe fait un angle droit avec la direction du courant qui a lieu dans ce conducteur, conformément aux définitions précédentes, s'attirent quand le pôle austral est à gauche du courant qui agit sur lui, c'est-à-dire quand la position est celle que le conducteur et l'aimant tendent à prendre en vertu de leur action mutuelle, et se repoussent quand le pôle austral de l'aimant est à la droite du courant, c'est-à-dire quand le conducteur et l'aimant sont maintenus dans la position opposée à celle qu'ils tendent à se donner mutuellement. On voit, par l'énoncé même de ces deux résultats, que l'action entre le conducteur et l'aimant est toujours réciproque. C'est cette réciprocité que je me suis d'abord attaché à vérifier, quoiqu'elle me parût assez évidente par elle-même; il me semble qu'il serait superflu de décrire ici les expériences que j'ai faites pour la constater, il suffit de dire qu'elles ont pleinement réussi.

Les deux modes d'action entre un aimant et un fil conjonctif, que je viens d'exposer en les considérant comme de simples résultats de l'expérience, suffisent pour rendre raison des faits observés par M. Œrsted, et pour prévoir ce qui doit arriver dans les cas analogues à l'égard desquels on n'a point encore fait d'observation. Ils indiquent, par exemple, d'avance tout ce qui doit arriver quand un courant électrique agit sur l'aiguille d'inclinaison. Je n'entrerai dans aucun détail à cet égard, puisque tout ce que je pourrais dire sur ce sujet découle immédiatement des énoncés précédents. Je me bornerai à dire qu'après avoir déduit seulement le premier résultat général de la Note de M. Œrsted, j'en déduisis l'explication des phénomènes magnétiques, fondée sur l'existence des courants électriques dans le globe de la Terre et dans les aimants, que cette explication me conduisit au second résultat général, et me suggéra, pour le constater, une expérience qui réussit complètement. Lorsque je la communiquai à M. Arago, il me fit remarquer avec raison que cette attraction entre un aimant et un conducteur placés à angles droits dans la direction où ils tendent à se mettre mutuellement, et cette répulsion, dans la direction opposée, pouvaient seules rendre raison des résultats publiés par l'auteur de la découverte, dans le cas où l'aiguille aimantée étant horizontale on en approche le fil conducteur d'une pile voltaïque dans une situation verticale, et qu'on pouvait même déduire aisément cette loi de l'une des expériences de M. Œrsted, celle qu'il énonce ainsi : *Posito autem filo (cujus extremitas superior electricitatem a termino negativo apparatus galvanici accipit) e regione puncto inter polum et medium acus sito, occidentem versus agitur.*

Car ce mouvement de l'aiguille aimantée, indiqué comme ayant lieu soit que le conducteur se trouve à l'occident ou à l'orient de l'aiguille, est dans le premier cas une attraction, parce que le pôle austral est à la gauche du courant, et dans le second une répulsion, parce qu'il se trouve à droite.

Mais, en convenant de la justesse de cette observation, il me semble que la distinction que j'ai faite des deux résultats généraux de l'action mutuelle d'un aimant et d'un fil conducteur n'en devient que plus importante pour expliquer ce qui arrive alors, en montrant que, dans ce cas, c'est tantôt une attraction et tantôt une répulsion, toujours conformément à la loi du second résultat général que je viens d'exposer, tandis que, dans l'expérience que M. Œrsted énonce immédiatement avant en ces termes : *Quando filum conjungens perpendiculare ponitur e regione polo acus magneticæ, et extremitas superior fili electricitatem a ter-*

mino negativo apparatus galvanici accipit, polus orientem versus movetur, ce mouvement n'a lieu que pour que l'aiguille aimantée prenne, à l'égard du conducteur, la direction déterminée par le premier résultat général, avec toutes les circonstances que j'ai comprises dans son énoncé et en particulier la remarque qui le termine.

Il me reste à décrire l'instrument avec lequel j'ai constaté l'existence de cette action entre un courant électrique et un aimant, désignée, dans ce qui précède, sous le nom d'*action attractive ou répulsive*, et j'en ai observé les effets sans que l'*action directrice* vînt les altérer en se combinant avec elle. Cet instrument, représenté figure 9, est composé d'un pied ABC dont les

Fig. 9.

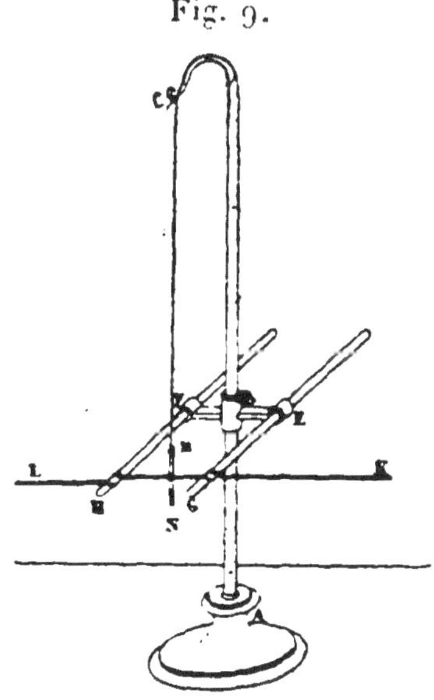

bras BEG, BFH supportent le fil conducteur horizonta KL, auprès duquel on suspend une petite aiguille aimantée cylindrique MN, à l'extrémité C de ce pied, au moyen d'un fil de soie MC, tantôt par son pôle austral tantôt par son pôle boréal [1].

La première réflexion que je fis, lorsque je voulus chercher les causes des nouveaux phénomènes découverts par M. Œrsted, est que l'ordre dans lequel on a découvert deux faits ne faisant rien aux conséquences des analogies qu'ils présentent, nous pouvions supposer qu'avant de savoir que l'aiguille aimantée prend une direction constante du Sud au Nord, on avait d'abord connu la propriété qu'elle a d'être amenée par un courant électrique dans une situation perpendiculaire à ce courant, de manière qu'un même pôle de l'aiguille fût toujours porté à gauche du courant, et qu'on découvrît ensuite la propriété qu'elle a de tourner constamment au Nord celui de ses pôles qui se portait ainsi à gauche du courant; l'idée la plus simple, et celle qui se présenterait immédiatement à celui qui voudrait expliquer cette direction constante de l'aiguille, ne serait-elle pas d'admettre dans la terre un courant électrique, dans une direction telle que le Nord se

[1] C'est ici qu'était placée, dans le Mémoire que je lus à l'Académie le 18 septembre 1820, la description des instruments que je me proposais de faire construire, celle entre autres des conducteurs pliés en spirale et en hélice; je me procurai la plupart de ces instruments entre cette séance et celle du 25 septembre, où je fis l'expérience des attractions et répulsions des courants électriques, sans l'intermède d'aucun aimant; je supprime ici cette description, parce qu'elle se retrouve, soit dans ce que je lus à cette dernière séance et que je vais bientôt transcrire, soit dans les autres passages de ce Mémoire relatifs à l'explication des planches dont il est accompagné.

trouvât à gauche d'un homme qui, couché sur sa surface pour avoir la face tournée du côté de l'aiguille, recevrait ce courant dans la direction de ses pieds à sa tête, et d'en conclure qu'il a lieu, de l'Est à l'Ouest, dans une direction perpendiculaire au méridien magnétique ?

Cette hypothèse devient d'autant plus probable qu'on fait plus attention à l'ensemble des faits connus; ce courant, s'il existe, doit être comparé à celui que j'ai montré dans la pile agir sur l'aiguille aimantée, comme se dirigeant de l'extrémité cuivre à l'extrémité zinc, quand on établissait un conducteur entre elles, et qui aurait lieu de même si, la pile formant une courbe fermée, elles étaient réunies par un couple semblable aux autres; car il n'y a probablement rien dans notre globe qui ressemble à un conducteur continu et homogène; mais les matières diverses dont il est composé sont précisément dans le cas d'une pile voltaïque formée d'éléments disposés au hasard, et qui, revenant sur elle-même, formerait comme une ceinture continue tout autour de la Terre. Des éléments ainsi disposés donnent moins d'énergie électrique sans doute que s'ils l'étaient dans un ordre périodiquement régulier; mais il faudrait qu'ils fussent arrangés à dessein pour que, dans une série de substances différentes formant une courbe fermée autour de la Terre, il n'y eût pas de courant dans un sens ou dans l'autre. Il se trouve que, d'après l'arrangement des substances de la Terre, ce courant a lieu de l'Est à l'Ouest, et qu'il dirige partout l'aiguille aimantée perpendiculairement à sa propre direction. Cette direction trace ainsi sur la Terre un parallèle magnétique, de manière que le pôle de l'aiguille qui doit être à gauche du courant se trouve par là constamment porté vers le Nord, et l'aiguille dirigée suivant le méridien magnétique.

Je ferai remarquer, à ce sujet, que les effets produits par les piles de la construction anglaise, où l'on brûle un fil fin de métal même avec une seule paire dont le zinc et le cuivre plongent dans un acide, prouvent suffisamment que c'est une supposition trop restreinte de n'admettre l'action électromotrice qu'entre les métaux, et de ne regarder le liquide interposé que comme conducteur. Il y a sans doute action entre deux métaux, Volta l'a démontré de la manière la plus complète; mais est-ce une raison pour qu'il n'y en ait pas entre eux et d'autres corps, ou entre ceux-ci seulement ? Il y en a probablement dans le contact entre tous les corps qui peuvent conduire plus ou moins l'électricité sous une faible tension; mais cette action est plus sensible dans les piles composées de métaux et d'acides étendus, tant parce qu'il paraît que ce sont les substances où elle se développe avec le plus d'énergie, que parce que ce sont celles qui conduisent le mieux l'électricité.

Les divers arrangements que nous pouvons donner à des corps non métalliques ne sauraient produire une action électromotrice comparable à celle d'une pile voltaïque à disques métalliques séparés alternativement par des liquides, à cause du peu de longueur qu'il nous est permis de donner à nos appareils; mais une pile qui ferait le tour de la Terre conserverait sans doute quelque intensité lors même qu'elle ne serait pas composée de métaux, et que les éléments en seraient arrangés au hasard; car sur une si grande longueur, il faudrait, comme je viens de le dire, que l'arrangement fût fait à dessein pour que les actions dans un sens fussent exactement détruites par les actions dans l'autre.

Je crois devoir faire observer à ce sujet que des courants électriques dans un même corps ne peuvent être indépendants les uns des autres, à moins qu'ils ne fussent séparés par des substances qui les isoleraient complètement dans toute leur étendue, et encore, dans ce cas-là même, ils devraient influer les uns sur les autres, puisque leur action se transmet à travers tous les corps; à plus forte raison lorsqu'ils coexistent dans un globe, dont toutes les parties sont continues doivent-ils se diriger tous dans le même sens, suivant la direction que tend à leur donner la réunion de toutes les actions électromotrices de ce globe. Je suis bien loin, au reste, de croire que ce soit seulement dans ces actions que réside la cause des courants électriques qui y sont indiqués par la direction que prend l'aiguille aimantée à chaque point de la surface de la Terre; je crois, au contraire, que la cause principale en est toute différente, comme j'aurai occasion de le dire ailleurs; au reste, cette cause, dépendant de la rotation de la Terre, donnerait en chaque lieu une direction constante à l'aiguille, ce qui est contraire à l'observation: je regarde donc l'action électromotrice des substances dont se compose la planète que nous habitons comme se combinant avec cette action générale, et expliquant les variations de la déclinaison à mesure que l'oxydation fait des progrès dans l'une ou l'autre région continentale de la Terre.

Qaunt aux variations diurnes, elles s'expliquent aisément par le changement de température alternatif de ces deux régions pendant la durée d'une rotation du globe terrestre, d'autant plus facilement que l'on connaît depuis longtemps l'influence de la température sur l'action électromotrice, influence sur laquelle M. Dessaignes a fait des observations très intéressantes. Il faut aussi compter parmi les actions électromotrices des différentes parties de la Terre celles des minerais aimantés qu'elle contient, et qui doivent, d'après mes idées sur la nature de l'aimant, être considérés comme autant de piles voltaïques. L'élévation de température qui a lieu dans les conducteurs des courants électriques doit avoir lieu aussi dans ceux du globe terrestre. Ne serait-ce pas là la cause de cette chaleur interne constatée récemment par les expériences rapportées, dans une des dernières séances de l'Académie, par un de ses membres dont les travaux sur la chaleur ont fait rentrer cette partie de la physique dans le domaine des mathématiques ? Et quand on fait attention que cette élévation de température produit, lorsque le courant est assez énergique, une incandescence permanente, accompagnée de la plus vive lumière, sans combustion ni déperdition de substance, ne pourrait-on pas en conclure que les globes opaques ne le sont qu'à cause du peu d'énergie des courants électriques qui s'y établissent, et trouver dans des courants plus actifs la cause de la chaleur et de la lumière des globes qui brillent par eux-mêmes ?

On sait qu'on expliquait autrefois par des courants les phénomènes magnétiques, mais on les supposait parallèles à l'axe de l'aimant, situation dans laquelle ils ne pourraient exister sans se croiser et se détruire.

Maintenant, si des courants électriques sont la cause de l'action directrice de la Terre, des courants électriques seront aussi la cause de celle d'un aimant sur un autre aimant; d'où il suit qu'un aimant doit être considéré comme un assemblage de courants électriques qui ont lieu dans des plans perpendiculaires à son axe, dirigés de manière que le pôle austral de l'aimant, qui se porte du côté du Nord, se trouve à droite de ces courants, puisqu'il est toujours à gauche d'un courant placé hors de l'aimant, et qui lui fait face dans une direction parallèle, ou plutôt ces courants s'établissent d'abord dans l'aimant suivant les courbes fermées les plus courtes, soit de gauche à droite, soit de droite à gauche, et alors la ligne perpendiculaire aux plans de ces courants devient l'axe de l'aimant, et ses extrémités en deviennent les pôles. Ainsi, à chacun des pôles d'un aimant, les courants électriques dont il se compose sont dirigés suivant des courbes fermées concentriques; j'ai imité cette disposition autant qu'il était possible avec un courant électrique, en en pliant le fil conducteur en spirale; cette spirale était formée avec un fil de laiton et terminée par deux portions rectilignes de ce même fil, qui étaient renfermées dans deux tubes de verre [1], afin qu'elles ne communiquassent pas entre elles et pussent être attachées aux deux extrémités de la pile.

Suivant le sens dans lequel on fait passer le courant dans une telle spirale, elle est en effet fortement attirée ou repoussée par le pôle d'un aimant qu'on lui présente

---

[1] J'ai depuis changé cette disposition, comme je le dirai ci-après.

de manière que la direction de son axe soit perpendiculaire au plan de la spirale, selon que les courants électriques de la spirale et du pôle de l'aimant sont dans le même sens ou en sens contraire. En remplaçant l'aimant par une autre spirale, dont le courant soit dans le même sens que le sien, on a les mêmes attractions et répulsions; c'est ainsi que j'ai découvert que deux courants électriques s'attirent quand ils ont lieu dans le même sens, et se repoussent dans le cas contraire.

En remplaçant ensuite, dans l'expérience de l'action mutuelle d'un des pôles d'un aimant et d'un courant dans un fil métallique plié en spirale, cette spirale par un autre aimant, on a encore les mêmes effets, soit en attraction, soit en répulsion, conformément à la loi des phénomènes connus de l'aimant; il est évident d'ailleurs que toutes les circonstances de ces derniers phénomènes sont une suite nécessaire de la disposition des courants électriques que j'y admets, d'après la manière dont ces courants s'attirent et se repoussent.

J'ai construit un autre appareil où le fil conducteur est plié en hélice autour d'un tube de verre; d'après la théorie que je me suis faite de ces sortes de phénomènes, ce conducteur doit présenter, quand on y fera passer le courant électrique, une action semblable à celle d'une aiguille ou d'un barreau aimanté, dans toutes les circonstances où ceux-ci agissent sur d'autres corps ou sont mus par le magnétisme terrestre (1). J'ai

(1) Quand j'écrivais cela, je ne connaissais pas bien celle des deux actions exercées par une hélice, qui correspond aux projections de ses spires sur son axe, et je croyais qu'on

déjà observé une partie des effets que j'attendais de l'emploi d'un conducteur plié en hélice, et je ne doute pas que plus on variera les expériences fondées sur l'analogie qu'établit la théorie entre cet instrument et un barreau aimanté, plus on obtiendra de preuves que l'existence des courants électriques dans les aimants est la cause unique de tous les phénomènes magnétiques.

Je ne pus achever la lecture que je fis à l'Académie de ce que je viens de transcrire que dans la séance du 25 septembre; je terminai cette lecture par un résumé où je déduisais, des faits qui y étaient exposés, les conclusions suivantes :

1° Deux courants électriques s'attirent quand ils se meuvent parallèlement dans le même sens; ils se repoussent quand ils se meuvent parallèlement en sens contraire;

2° Il s'ensuit que quand les fils métalliques qu'ils parcourent ne peuvent que tourner dans des plans parallèles, chacun des deux courants tend à amener l'autre dans une situation où il lui soit parallèle et dirigé dans le même sens;

3° Ces attractions et répulsions sont absolument

pouvait la négliger, ce qui n'est pas; mais tout ce que je dis ici sera vrai si on l'entend d'une hélice où l'on ait détruit cette action par un courant rectiligne opposé, établi dans le tube de verre qu'elle entoure de ses spires, en sorte qu'il ne reste plus que l'action qu'exerce chaque spire dans un plan perpendiculaire à l'axe de l'hélice ainsi que je l'ai expliqué dans le premier paragraphe de ce Mémoire.

différentes des attractions et répulsions électriques ordinaires;

4° Tous les phénomènes que présente l'action mutuelle d'un courant électrique et d'un aimant, découverts par M. Œrsted, que j'ai analysés et réduits à deux faits généraux dans un Mémoire précédent, lu à l'Académie le 18 septembre 1820, rentrent dans la loi d'attraction et de répulsion de deux courants électriques, telle qu'elle vient d'être énoncée, en admettant qu'un aimant n'est qu'un assemblage de courants électriques qui sont produits par une action des particules de l'acier les unes sur les autres analogue à celle des éléments d'une pile voltaïque, et qui ont lieu dans des plans perpendiculaires à la ligne qui joint les deux pôles de l'aimant;

5° Lorsque l'aimant est dans la situation qu'il tend à prendre par l'action du globe terrestre, ces courants sont dirigés dans le sens opposé à celui du mouvement apparent du Soleil; en sorte que quand on place l'aimant dans la situation contraire, afin que ceux de ses pôles qui regardent les pôles de la Terre soient de même espèce qu'eux, les mêmes courants se trouvent dans le sens du mouvement apparent du Soleil;

6° Les phénomènes connus qu'on observe lorsque deux aimants agissent l'un sur l'autre rentrent dans la même loi;

7° Il en est de même de l'action que le globe terrestre exerce sur un aimant, en y admettant des courants électriques dans des plans perpendiculaires à la direction de l'aiguille d'inclinaison, et qui se meuvent de l'Est à l'Ouest, au-dessous de cette direction;

8° Il n'y a rien de plus à l'un des pôles d'un aimant

qu'à l'autre; la seule différence qu'il y ait entre eux est que l'un se trouve à gauche et l'autre à droite des courants électriques qui donnent à l'acier les propriétés magnétiques;

9° Lorsque Volta eut prouvé que les deux électricités, positive et négative, des deux extrémités de la pile s'attiraient et se repoussaient d'après les mêmes lois que les deux électricités produites par les moyens connus avant lui, il n'avait pas pour cela démontré complètement l'identité des fluides mis en action par la pile et par le frottement; mais cette densité le fut, autant qu'une vérité physique peut l'être, lorsqu'il montra que deux corps, dont l'un était électrisé par le contact des métaux et l'autre par le frottement, agissaient l'un sur l'autre, dans toutes les circonstances, comme s'ils avaient été tous les deux électrisés avec la pile ou avec la machine électrique ordinaire. Le même genre de preuves se trouve ici à l'égard de l'identité des attractions et répulsions des courants électriques et des aimants. Je viens de montrer à l'Académie l'action mutuelle de deux courants; les phénomènes anciennement connus relativement à celle de deux aimants rentrent dans la même loi; en partant de cette similitude, on prouverait seulement que les fluides électriques et magnétiques sont soumis aux mêmes lois, comme on l'admet depuis longtemps, et le seul changement à faire à la théorie ordinaire de l'aimantation serait d'admettre que les attractions et répulsions magnétiques ne doivent pas être assimilées à celles qui résultent de la tension électrique, mais à celles que j'ai observées entre deux courants. Les expériences de M. Œrsted, où un courant électrique produit encore les mêmes effets sur un aimant, prouvent de plus que ce sont les mêmes fluides qui agissent dans les deux cas.

Dans la séance du 9 octobre, j'insistai de nouveau sur cette identité de l'électricité et de la cause des phénomènes magnétiques, en montrant que l'aimant ne jouit des propriétés qui le caractérise que parce qu'il se trouve, dans les plans perpendiculaires à la ligne qui en joint les pôles, la même disposition d'électricité qui existe dans le conducteur par lequel on fait communiquer les deux extrémités d'une pile voltaïque; disposition que j'ai désignée sous le nom de *courant électrique*, tout en insistant, dans les Mémoires que j'ai lus à l'Académie, sur ce que l'identité des parallèles magnétiques et des conducteurs d'une pile de Volta, que j'avais surtout en vue d'établir, était indépendante de l'idée, quelle qu'elle fût, qu'on se faisait de cette disposition électrique.

Pour mettre dans tout son jour l'identité des courants des conducteurs voltaïques et de ceux que j'admets dans les aimants, je me suis procuré deux petites aiguilles fortement aimantées, garnies au milieu d'un double crochet en laiton, portant une flèche qui indique la direction du courant de l'aimant; j'ai fait représenter une de ces aiguilles de face, et l'autre de champ, à côté de la figure 1 : *ab* est l'aiguille, *cd* le double crochet, *ef* la flèche. Au moyen du double crochet, ces aiguilles s'adaptent, quand on veut les y placer, sur les conducteurs AB, CD (*fig.* 1), dans une situation où la ligne qui joint leurs pôles est verticale, et où leurs courants, toujours parallèles aux conducteurs sont à volonté dirigés dans le même sens ou dans des sens opposés. Voici l'usage de ces aiguilles : après avoir produit les attractions et répulsions entre les conducteurs AB, CD, en faisant passer dans tous deux le courant électrique, on ne le fait plus passer que dans l'un des deux, et on place sur l'autre une des aiguilles aimantées dans la situation que je viens d'indiquer, de manière que le courant que j'admets dans l'aiguille soit d'abord dans le même sens que celui qui avait lieu auparavant dans le conducteur auquel elle est adaptée; on voit alors que le phénomène d'attraction ou de répulsion, qu'offraient d'abord les deux conducteurs, continue d'avoir lieu en vertu de ce que j'ai nommé l'*action attractive ou répulsive* au commencement de ce paragraphe; on place ensuite la même aiguille de manière que son courant soit dirigé en sens contraire, et on obtient le phénomène inverse, en vertu de la même action, précisément comme si on avait changé la direction du courant que cette aiguille remplace, en faisant communiquer, dans un ordre opposé à celui qui avait d'abord été établi, les deux extrémités de la pile avec celles du conducteur de ce courant.

Enfin, en ne faisant plus passer de courant électrique dans aucun des deux conducteurs, et en plaçant sur chacun une aiguille aimantée toujours dans la même situation verticale où son axe fait un angle droit avec le conducteur qui la porte, pour que ses courants continuent d'être parallèles à ce conducteur, on a de nouveau, d'après l'action connue de deux aimants l'un sur l'autre, les mêmes attractions et répulsions que quand des courants étaient établis dans les deux conducteurs, lorsque les courants des aiguilles sont tous deux dans le même sens, ou tous deux en sens contraire, relativement aux courants électriques qu'ils remplacent, et des phénomènes inverses quand l'un est dans le même sens et l'autre dans le sens opposé; le tout conformément à la théorie fondée sur l'identité des courants de l'aimant et de ceux qu'on produit avec la pile de Volta.

On peut aussi vérifier cette identité dans l'instrument représenté figure 2. En remplaçant le conducteur fixe AB par un barreau aimanté situé horizontalement dans une direction perpendiculaire à celle de ce conducteur, et de manière que les courants de cet aimant soient dans le même sens que le courant électrique établi d'abord dans le conducteur fixe, on ne fait plus alors passer le courant que dans le conducteur mobile, et on voit que celui-ci tourne par l'action de l'aimant précisément comme il le faisait dans l'expérience où le courant était établi dans les deux conducteurs, et où il n'y avait point de barreau aimanté. C'est pour attacher ce barreau que j'ai fait joindre à cet appareil le support XY, terminé en Y par la boîte Z ouverte aux deux bouts où l'on fixe l'aimant dans la position que je viens d'expliquer au moyen de la vis de pression V.

Quant à l'appareil représenté figure 10, on voit par cette figure que les moyens de communication avec les extrémités de la pile, et le mode de suspension du conducteur mobile, étant à peu près les mêmes que dans celui qui est représenté dans la figure 1, ces deux instruments ne diffèrent qu'en ce que, dans celui de la figure 10, les deux conducteurs A, B sont pliés en spirale, et le conducteur mobile B suspendu à un tube de verre vertical CD. Ce tube est terminé inférieurement au centre de la spirale que forme ce conducteur, et reçoit dans son intérieur le prolongement du fil de

Fig. 10.

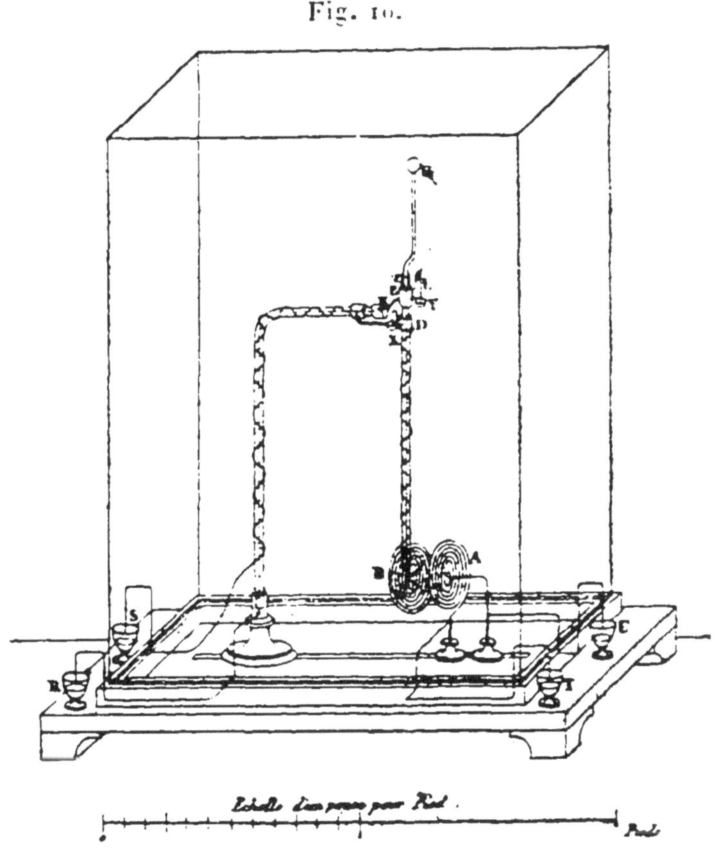

laiton de cette spirale; ce prolongement arrivé en D, au haut du tube, y est soudé à la boîte de cuivre E, qui porte le tube de cuivre V où entre à frottement le contrepoids H, et une pointe d'acier L qu'on plonge dans le globule de mercure de la chape Y, tandis que l'autre extrémité du même fil de laiton, après avoir entouré le tube CD en forme d'hélice, vient se souder à la boîte de cuivre D, à laquelle s'attache l'autre pointe d'acier K destinée à être plongée aussi dans un globule de mercure placé dans la chape X. Ces deux chapes sont d'acier, afin de n'être point endommagées par le mercure; les pointes reposent sur leur surface concave comme dans l'instrument représenté figure 1.

Ce serait ici le lieu de parler d'un autre genre d'action des courants électriques sur l'acier, celle par laquelle ils lui communiquent les propriétés magnétiques, et de montrer que toutes les circonstances de cette action, dont nous devons la connaissance à M. Arago, sont autant de preuves de la théorie exposée dans ce Mémoire relativement à la nature électrique de l'aimant: théorie dont il me semble qu'on peut dire que ces preuves complètent la démonstration. J'aurais aussi, pour ne rien omettre de ce qui est connu sur l'action mutuelle des fils conjonctifs et des aimants, à parler d'expériences très intéressantes communiquées à l'Académie dans un Mémoire qu'un physicien plein de sagacité, M. Boisgiraud, a lu dans la séance du 9 octobre 1820. Une de ces expériences ne laisse aucun doute sur un point important de la théorie de l'action mutuelle d'un fil conducteur et d'un aimant, en prouvant que cette action a lieu entre ce conducteur et toutes les tranches perpendiculaires à la ligne qui joint les deux pôles du petit aimant soumis à son action, sans se développer avec une plus grande énergie sur les pôles de cet aimant, comme il arrive lorsqu'on observe l'action que les divers points de la longueur d'un barreau aimanté exercent sur une petite aiguille. Mais les découvertes de M. Arago ont été exposées par lui-même dans les *Annales de Chimie et de Physique*

(t. XV, p. 93-102), et j'aurai occasion, dans le Mémoire suivant [1], de parler des expériences de M. Boisgiraud, et d'en déduire les conséquences qui découlent naturellement des faits qu'il a observés.

[1] Comme ce que j'ai à dire sur l'action mutuelle de deux aimants se compose bien moins de faits nouveaux que de calculs par lesquels on ramène cette action à celle de deux courants électriques, j'ai cru devoir renvoyer à ce second Mémoire le paragraphe où je me proposais d'examiner dans celui-ci les lois suivant lesquelles elle s'exerce, et de montrer que ces lois sont une suite nécessaire de la cause que je lui ai assignée dans les conclusions que j'ai lues à l'Académie le 25 septembre dernier.

SECOND MÉMOIRE.

SUR LA

DÉTERMINATION DE LA FORMULE

QUI REPRÉSENTE L'ACTION MUTUELLE DE DEUX PORTIONS INFINIMENT PETITES DE CONDUCTEURS VOLTAÏQUES [1].

Lorsqu'on vient à découvrir un nouveau genre d'action jusqu'alors inconnu, le premier objet du physicien doit être de déterminer les principaux phénomènes qui en résultent, et les circonstances où ils se produisent; il reste ensuite à trouver le moyen d'y appliquer le calcul en représentant par des formules la valeur des forces qu'exercent les unes sur les autres les particules des corps où ce genre d'action se manifeste. Dès que j'eus reconnu que deux conducteurs voltaïques agissaient l'un sur l'autre, tantôt en s'attirant, tantôt en se repoussant, et que j'eus distingué et décrit les actions qu'ils exercent dans les différentes situations où ils peuvent se trouver l'un à l'égard de l'autre, je cherchai à exprimer de cette manière la valeur de la force attractive ou répulsive de deux de leurs éléments ou parties infiniment petites, afin de pouvoir en déduire

[1] Lu à l'Académie royale des Sciences, le 10 juin 1822.

par les méthodes connues d'intégration l'action qui a lieu entre deux portions de conducteurs données de forme et de situation.

L'impossibilité de soumettre directement à l'expérience des portions infiniment petites du circuit voltaïque oblige nécessairement à partir d'observations faites sur des fils conducteurs de grandeur finie, et il faut satisfaire à ces deux conditions que les observations soient susceptibles d'une grande précision, et qu'elles soient propres à déterminer la valeur de l'action mutuelle de deux portions infiniment petites. C'est ce qu'on peut obtenir de deux manières : l'une consiste à mesurer avec la plus grande exactitude des valeurs de l'action mutuelle de deux portions d'une grandeur finie, en les plaçant successivement, l'une par rapport à l'autre, à différentes distances et dans différentes positions; car il est évident qu'ici l'action ne dépend pas seulement de la distance; il faut ensuite faire une hypothèse sur la valeur de l'action mutuelle de deux portions infiniment petites, en conclure celle de l'action qui doit en résulter pour les conducteurs de grandeur finie sur lesquels on a opéré, et modifier l'hypothèse jusqu'à ce que les résultats du calcul s'accordent avec ceux de l'observation. C'est ce procédé que je m'étais d'abord proposé de suivre, comme je l'ai expliqué en détail dans un Mémoire lu à l'Académie des Sciences le 9 octobre 1820 [1]; et quoiqu'il ne nous

[1] Ce Mémoire n'a pas été publié à part, mais les principaux résultats en ont été insérés dans celui que j'ai publié, en 1820, dans le Tome XV des *Annales de Chimie et de Physique.*

conduise à la vérité que par la voie indirecte des hypothèses, il n'en est pas moins précieux, puisqu'il est souvent le seul qui puisse être employé dans les recherches de ce genre. Un des membres de cette Académie, dont les travaux ont embrassé toutes les parties de la Physique, l'a parfaitement décrit dans la Notice *sur l'aimantation imprimée aux métaux par l'électricité en mouvement*, qu'il nous a lue le 2 avril 1821, en l'appelant « un travail en quelque sorte de divination qui est la fin de presque toutes les recherches physiques » (1).

Mais il existe une autre manière d'atteindre plus directement le même but, c'est celle que j'ai suivie depuis, et qui m'a conduit au résultat que je désirais; elle consiste à constater par l'expérience que les parties mobiles des conducteurs sont, en certains cas, exactement en équilibre entre des forces égales ou des moments de rotation égaux, quelle que soit d'ailleurs la forme de la partie mobile, et de chercher directement, à l'aide du calcul, quelle doit être la valeur de l'action mutuelle de deux portions infiniment petites pour que l'équilibre soit, en effet, indépendant de la forme de la partie mobile.

C'est ainsi que j'ai déterminé cette valeur en combinant deux expériences de ce genre; l'une que j'ai décrite dans un Mémoire lu à l'Académie le 26 décembre 1820, et dans ce Recueil, page 216 et suiv.; l'autre dont je viens de constater le résultat avec toute l'exactitude possible.

Ce dernier procédé ne peut être employé que quand

(1) *Voyez* le *Journal des Savants*, avril 1821, p. 233.

la nature de l'action qu'on étudie donne lieu à des cas d'équilibre indépendants de la forme des corps; il est par conséquent beaucoup plus restreint dans ses applications que celui dont j'ai parlé tout à l'heure; mais puisque les conducteurs voltaïques présentent des circonstances où cette sorte d'équilibre a lieu, il est naturel de le préférer à tout autre comme plus direct et plus simple. Il y a d'ailleurs, à l'égard de l'action exercée par ces corps, un motif bien plus décisif encore de le suivre dans les recherches relatives à la détermination des forces qui la produisent, c'est l'extrême difficulté des expériences où l'on se proposerait, par exemple, de mesurer ces forces par le nombre des oscillations d'un corps soumis à leur action; cette difficulté vient de ce que, quand on fait agir un conducteur fixe sur une portion mobile du circuit voltaïque, les parties de l'appareil nécessaire pour établir les communications de cette portion mobile agissent sur elle en même temps que le conducteur fixe, et altèrent ainsi les résultats des expériences : je crois cependant être parvenu à la surmonter dans un appareil propre à mesurer l'action mutuelle de deux conducteurs circulaires concentriques, l'un fixe et l'autre mobile, par le nombre des oscillations de ce dernier, et en faisant varier la distance par l'emploi de différents conducteurs fixes, dans lesquels on ferait passer successivement le courant électrique. Je décrirai ailleurs cet appareil, que je n'ai point encore fait exécuter.

Il est vrai qu'on ne rencontre pas les mêmes obstacles quand on mesure de la même manière l'action d'un fil conducteur sur un aimant; mais ce moyen ne peut être employé quand il s'agit de l'action que deux conducteurs voltaïques exercent l'un sur l'autre, et qui doit être le premier objet de nos recherches dans l'étude des nouveaux phénomènes. En effet, les expériences que j'ai communiquées à l'Académie au mois de décembre dernier ont prouvé que l'hypothèse par laquelle les physiciens de la Suède et de l'Allemagne avaient cru pouvoir expliquer l'action que j'ai découverte entre deux fils conducteurs, en les considérant comme des assemblages de petits aimants situés dans des directions perpendiculaires à leur longueur, est en opposition avec les faits, puisque deux assemblages d'aimants ainsi disposés, quelque forme qu'on leur donne, ne peuvent, ni d'après la théorie ordinaire des phénomènes magnétiques, ni d'après celle que j'ai cru devoir lui substituer, ni d'après des expériences variées que j'ai faites à ce sujet il y a quelques mois, produire le mouvement continu toujours dans le même sens, et la production de forces vives qui se manifeste alors.

D'où il suit nécessairement qu'il faut, ou regarder l'action découverte par M. Œrsted entre un conducteur voltaïque et un aimant comme tout à fait indépendante de celle que j'ai reconnue entre deux fils conducteurs, ou l'y ramener en considérant, ainsi que je l'ai fait, non pas les conducteurs, comme des assemblages d'aimants transversaux, mais au contraire les aimants comme devant leurs propriétés à une disposition de l'électricité autour de chacune de leurs particules, identiques à celle de l'électricité dans les fils conducteurs [1],

[1] Il semble d'abord singulier que les mêmes faits qui s'opposent absolument à ce qu'on attribue à l'aimantation transversale toutes les propriétés des conducteurs vol-

disposition que j'ai désignée sous le nom de *courant électrique*, comme l'ont fait la plupart des physiciens qui ont écrit sur ce sujet : or, il est clair que si l'action d'un fil conducteur sur un aimant était due à une autre cause que celle qui a lieu entre deux conducteurs, les expériences faites sur la première ne pourraient rien apprendre relativement à la seconde, et que si les aimants ne doivent leurs propriétés qu'à des courants électriques entourant chacune de leurs particules, il faudrait, pour pouvoir calculer les effets qu'ils doivent produire, que l'on sût s'ils ont la même intensité près de la surface de l'aimant et dans son intérieur, ou sui-

taïques ne s'opposent pas à ce qu'on explique toutes celles des aimants, en les considérant comme des assemblages de courants électriques; j'ai expliqué la cause de cette différence dans un exposé sommaire des progrès de cette branche de la Physique pendant l'année 1821 que j'ai lu à la Séance publique de l'Académie du 8 avril 1822, et qui a été inséré dans le Cahier de février 1822 du *Journal de Physique* (p. 199 et suiv. de ce Recueil); elle vient de ce que, dans la première hypothèse, on devrait nécessairement pouvoir imiter, en employant seulement des aimants disposés convenablement, tous les phénomènes produits par l'action mutuelle de deux conducteurs, ce qui n'a pas lieu à l'égard du mouvement continu toujours dans le même sens, qu'on ne peut obtenir qu'avec deux conducteurs ou avec un conducteur et un aimant; tandis que, dans ma manière de concevoir l'action magnétique, les courants électriques qui entourent chaque particule d'un aimant formant des circuits fermés, on ne doit pouvoir remplacer un conducteur voltaïque par un ou plusieurs aimants qu'à l'égard des phénomènes que le conducteur produit également, soit qu'il forme ou non un circuit fermé : or, dans vant quelle loi varie cette intensité; si les plans de ces courants sont partout perpendiculaires à l'axe du barreau aimanté, comme je l'avais d'abord supposé, ou si l'action mutuelle des courants d'un même aimant leur donne une situation d'autant plus inclinée à cet axe qu'ils en sont à une plus grande distance, et qu'ils s'écartent davantage de son milieu, comme le prouve la différence qu'on remarque entre la situation des pôles d'un aimant et celles des points qui jouissent des mêmes propriétés dans un fil conducteur roulé en hélice (1).

---

l'expérience où j'ai obtenu le mouvement toujours dans le même sens par l'action mutuelle de deux fils conducteurs, il faut nécessairement, comme je l'expliquerai ailleurs plus en détail, que l'un d'eux ne forme pas un circuit complètement fermé : d'où il suit qu'on peut encore obtenir, comme M. Faraday l'a fait le premier, ce singulier mouvement, en employant un aimant à la place de l'autre conducteur, mais jamais en remplaçant les deux conducteurs par des aimants; ce qui s'observe en effet dans les expériences que j'ai faites à ce sujet, et que chacun peut aisément répéter.

(1) Je crois devoir insérer ici la note suivante, qui est extraite de l'*Analyse des Travaux de l'Académie* pendant l'année 1821, publiée le 8 avril 1822. (*Voir* la partie mathématique de cette Analyse, p. 22 et 23.)

La principale différence entre la manière d'agir d'un aimant et d'un conducteur voltaïque, dont une partie est roulée en hélice autour de l'autre, consiste en ce que les pôles du premier sont situés plus près du milieu de l'aimant que ses extrémités, tandis que les points qui présentent les mêmes propriétés dans l'hélice sont exactement placés à ses

C'est donc par l'observation des cas d'équilibre indépendants de la forme des conducteurs qu'il convient de déterminer la force dont nous cherchons la valeur. J'en ai reconnu trois : le premier consiste dans l'égalité des valeurs absolues de l'attraction et de la répulsion qu'on produit en faisant passer alternativement, en deux sens opposés, le même courant dans un conducteur fixe dont on ne change ni la situation ni la distance au corps sur lequel il agit. Cette égalité résulte de la simple observation que deux portions égales d'un même fil conducteur recouvertes de soie pour en empêcher la communication, tordues ensemble de manière à former l'une autour de l'autre deux hélices dont toutes les parties sont égales, et parcourues par un même courant électrique l'une dans un sens et l'autre en sens contraire, n'exercent aucune action, soit sur un conducteur mobile, soit sur un aimant;

---

extrémités : c'est ce qui doit arriver quand l'intensité des courants de l'aimant va en diminuant de son milieu vers ses extrémités. Mais M. Ampère a reconnu depuis une autre cause qui peut aussi déterminer cet effet. Après avoir conclu de ses nouvelles expériences que les courants électriques d'un aimant existent autour de chacune de ses particules, il lui a été aisé de voir qu'il n'est pas nécessaire de supposer, comme il l'avait fait d'abord, que les plans de ces courants sont partout perpendiculaires à l'axe de l'aimant; leur action mutuelle doit tendre à donner à ces plans une situation inclinée à l'axe, surtout vers ses extrémités, en sorte que les pôles, au lieu d'y être exactement situés, comme ils devraient s'y trouver, d'après les calculs déduits des formules données par M. Ampère, lorsqu'on suppose tous les courants de même intensité et dans des on peut aussi la constater à l'aide du conducteur mobile qu'on voit dans la figure 9 de la planche première du Tome XVIII des *Annales de Chimie et de Physique*, relative à la description d'un de mes appareils électro-dynamiques, et qui est représenté ici (*fig.* 1). On place pour cela un peu au-dessous de la partie inférieure $dee'd'$ de ce conducteur, et dans une direction quelconque, un conducteur rectiligne horizontal plusieurs fois redoublé AB, de manière que le milieu de sa longueur et de son épaisseur soit dans la verticale qui passe par la pointe X et autour de laquelle tourne librement le conducteur mobile. On voit alors que ce conducteur reste dans la situation où on le place; ce qui prouve qu'il y a équilibre entre les actions exercées par le conducteur fixe sur les deux portions égales et opposées de circuit voltaïque $bcde$, $b'c'd'e'$, qui ne diffèrent que parce que, dans l'une, le courant électrique va en

plans perpendiculaires à l'axe, doivent se rapprocher du milieu de l'aimant d'une partie de sa longueur d'autant plus grande, que les plans d'un plus grand nombre de courants sont ainsi inclinés et qu'ils le sont davantage, c'est-à-dire d'autant plus que l'aimant est plus épais relativement à sa longueur, ce qui est conforme à l'expérience. Dans les fils conducteurs pliés en hélice, et dont une partie revient par l'axe pour détruire l'effet de la partie des courants de chaque spire, qui agit comme s'ils étaient parallèles à l'axe, les deux circonstances, qui, d'après ce que nous venons de dire, n'ont pas nécessairement lieu dans les aimants, existent au contraire nécessairement dans ces fils; aussi observe-t-on que les hélices ont des pôles semblables à ceux des aimants, mais placés exactement à leurs extrémités, comme le donne le calcul.

s'approchant du conducteur fixe AB, et dans l'autre, en s'en éloignant, quel que soit d'ailleurs l'angle formé par la direction de ce dernier conducteur avec le plan du conducteur mobile; or, si l'on considère d'abord les deux actions exercées entre chacune de ces portions

Fig. 1.

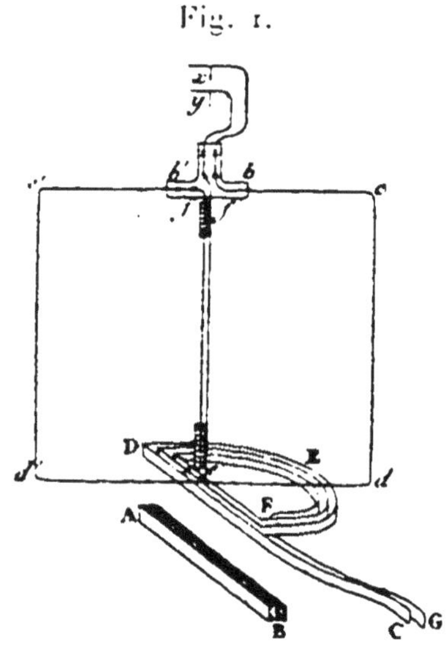

de circuit voltaïque et la moitié du conducteur AB dont elle est la plus voisine, et ensuite les deux actions entre chacune d'elles et la moitié du même conducteur dont elle est la plus éloignée, on verra aisément :

1° Que l'équilibre dont nous venons de parler ne peut avoir lieu pour toutes les valeurs de cet angle, qu'autant qu'il y a séparément équilibre entre les deux premières actions et les deux dernières;

2° Que si l'une des deux premières est attractive parce que les côtés de l'angle aigu formé par les portions de conducteur entre lesquelles elle a lieu sont parcourus dans le même sens par le courant électrique, l'autre sera répulsive parce qu'elle aura lieu entre les deux côtés de l'angle égal opposé au sommet, qui sont parcourus en sens contraires par le même courant, en sorte qu'il faudra d'abord, pour qu'il y ait équilibre entre elles, que cette attraction et cette répulsion qui tendent à faire tourner le conducteur mobile, l'une dans un sens et l'autre dans le sens opposé, soient égales entre elles, et ensuite que les deux dernières actions, l'une attractive et l'autre répulsive, qui s'exercent entre les côtés des deux angles obtus opposés au sommet qui sont les suppléments des premiers, soient aussi égales entre elles. Il est inutile de remarquer que ces actions sont réellement les sommes des produits des forces qui agissent sur chaque portion infiniment petite du conducteur mobile, multipliées par leur distance à la verticale autour de laquelle il peut librement tourner; mais, comme les distances à cette verticale des portions infiniment petites correspondantes des deux branches *bcde*, *b'c'd'e'* sont toujours égales entre elles, l'égalité des moments rend nécessaire celle des forces.

Le second des trois cas généraux d'équilibre est celui que j'ai remarqué à la fin de l'année 1820; il consiste dans l'égalité d'action sur un conducteur rectiligne mobile de deux conducteurs fixes, situés à égales distances du conducteur mobile, l'un rectiligne et l'autre plié et contourné d'une manière quelconque, quelles que soient d'ailleurs les sinuosités formées par ce dernier. On peut voir, dans les Notes sur l'exposé sommaire des expériences électrodynamiques [1] faites

---

[1] *Voyez* ce que j'ai dit sur la préférence que j'ai donnée à cette dénomination : *Expériences électrodynamiques*, dans les notes qui sont au bas des pages 200 et 237 de ce Recueil.

par différents physiciens en 1821 (p. 216 et suiv. de ce Recueil), la description de l'appareil avec lequel j'ai vérifié cette égalité d'action par des expériences susceptibles d'une grande précision. J'ai démontré, dans un Mémoire lu, le 4 décembre 1820, à l'Académie des Sciences, en partant de ce fait ainsi constaté, que si l'on nomme ρ une fonction des trois angles qui déterminent la situation respective de deux portions infiniment petites de courants électriques, proportionnelle à la force qu'elles exercent l'une sur l'autre à une distance déterminée, lorsqu'on fait varier cette situation et qu'on désigne ces trois angles par α, β, γ, — α et β étant ceux que les directions des deux petites portions forment avec la ligne qui en joint les milieux, et γ l'inclinaison mutuelle des plans de ces deux angles, — la fonction ρ sera nécessairement de la forme

$$\sin\alpha \sin\beta \cos\gamma - k \cos\alpha \cos\beta,$$

k étant un coefficient constant [1]. Il me restait à déterminer la valeur de ce coefficient; je n'y réussis pas dans le temps, je vis seulement, d'après des expériences que j'ai communiquées à l'Académie, le 11 décembre 1820, que cette valeur paraissait être d'autant plus petite que les expériences que je faisais pour la déterminer étaient plus exactes. Comme je ne soupçonnais

[1] La quantité que je représente ici par k est désignée par $\frac{m}{n}$ dans le Cahier de septembre du *Journal de Physique*, année 1820, où j'ai inséré la démonstration dont il est ici question, et qu'on trouve avec plus de détail dans ce Recueil, p. 225.

pas alors que cette valeur fût négative, j'en conclus seulement qu'elle pouvait être regardée comme nulle. J'ai trouvé depuis un troisième cas d'équilibre indépendant de la forme du fil conducteur, d'où résulte une relation entre k et l'exposant de la puissance de la distance de deux portions infiniment petites de courants électriques, à laquelle leur action mutuelle est réciproquement proportionnelle quand cette distance varie. La description de l'appareil avec lequel j'ai constaté ce nouveau cas d'équilibre, et le calcul par lequel j'en ai conclu la relation dont je viens de parler, sont le principal objet du Mémoire que j'ai l'honneur de présenter à l'Académie. Mais comme ce calcul ne peut se faire qu'à l'aide d'une transformation par laquelle j'ai exprimé la fonction des trois angles α, β, γ, que je viens de nommer ρ, en différentielles partielles de la distance des deux portions infiniment petites de courants électriques que l'on considère, je

Fig. 2.

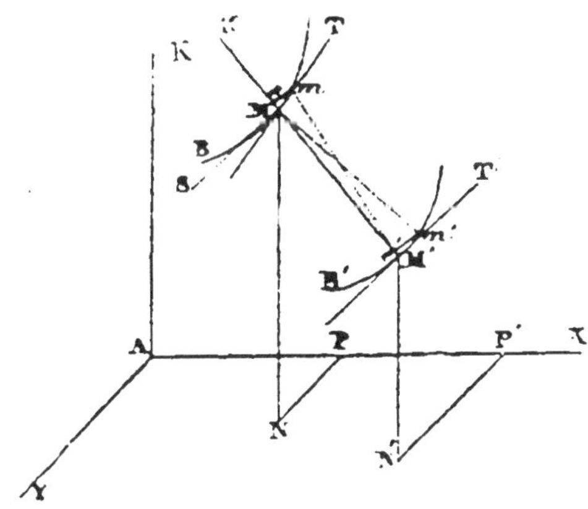

crois devoir d'abord expliquer cette transformation. Soient BM et B'M' (*fig.* 2) deux lignes représentant des fils conducteurs, et qui seront en général deux courbes à double courbure; supposons que s et s' représentent les arcs BM et B′ M′, comptées depuis les points fixes B et B′, $Mm = ds$, $M'm' = ds'$ seront deux portions infiniment petites de ces conducteurs, et leurs directions seront déterminées par les deux tangentes MT et M′T′; en nommant r la distance MM′, r sera évidemment une fonction des deux variables indépendantes s et s'; si l'on abaisse, des points m, m', les perpendiculaires me, $m'e'$ sur MM′, qui pourront être considérées comme de petits arcs de cercles décrits respectivement des centres M′ et M, et qu'on prenne les angles α et β de manière qu'ils aient leur ouverture tournée du même côté, comme je l'ai supposé dans le calcul de la valeur de ρ, l'angle α étant pris, par exemple, entre la direction MT de Mm et le prolongement MK de MM′, et l'angle β entre la direction MT de $M'm'$ et la ligne MM′ elle-même, on aura ces deux équations

$$\cos\alpha = \frac{dr}{ds},$$

$$\cos\beta = -\frac{dr}{ds'},$$

parce que le point M′ reste fixe quand s varie seul dans la fonction r, et le point M quand c'est s'; on tire de là

$$\cos\alpha\cos\beta = -\frac{dr}{ds}\frac{dr}{ds'} \quad (^1).$$

(1) On trouverait

$$\cos\alpha\cos\beta = \frac{dr}{ds}\frac{dr}{ds'},$$

si l'on prenait pour α et β les angles M′ MT, MM′ T′, dont

En différentiant la valeur de $\cos\beta$ par rapport à s, on trouve

$$\frac{d\beta}{ds}\sin\beta = \frac{d^2 r}{ds\,ds'};$$

mais quand le point M est transporté en m et que s devient par conséquent $s + ds$, l'angle β diminue évidemment, tant que l'angle γ des deux plans M'MT, MM' T' est aigu, d'une quantité qui est la projection de l'angle MM' m sur le plan MM' T'; et comme cet angle est infiniment petit, on a

$$d\beta = -\,\mathrm{MM}'m\cos\gamma.$$

valeur qui s'applique aussi au cas où γ est un angle obtus, parce qu'alors β augmente avec s.

Mais l'angle MM' m a pour mesure

$$\frac{me}{\mathrm{M'M}} = \frac{ds\sin\alpha}{r};$$

ainsi,

$$\frac{d\beta}{ds} = -\frac{\sin\alpha\cos\gamma}{r},$$

d'où il suit que

$$\sin\alpha\sin\beta\cos\gamma = -r\frac{d^2 r}{ds\,ds'}.$$

---

les ouvertures sont tournées en sens contraire; mais le résultat du calcul ne serait point changé, parce que ce changement de signe de $\cos\alpha\cos\beta$ entraînerait celui de la valeur de k quand on déterminerait k, et donnerait par conséquent la même valeur pour

$$\sin\alpha\sin\beta\cos\gamma + k\cos\alpha\cos\beta.$$

En substituant ces valeurs de $\sin\alpha \sin\beta \cos\gamma$ et de $\cos\alpha \cos\beta$ dans celle de ρ, on obtient

$$\begin{aligned}\rho &= -\left(r\frac{d^2 r}{ds\,ds'} + k\frac{dr}{ds}\frac{dr}{ds'}\right)\\ &= -r^{1-k}\left(r^k\frac{d^2 r}{ds\,ds'} + kr^{k-1}\frac{dr}{ds}\frac{dr}{ds'}\right)\\ &= -r^{1-k}\frac{d\left(r^k\dfrac{dr}{ds'}\right)}{ds}\\ &= -\frac{r^{1-k}}{1+k}\frac{d^2(r^{1+k})}{ds\,ds'}.\end{aligned}$$

Comme c'est la quantité

$$\sin\alpha \sin\beta \cos\gamma + k\cos\alpha \cos\beta$$

que nous avons représentée par ρ, on a cette formule de trigonométrie analytique qui pourrait peut-être recevoir d'autres applications :

$$\sin\alpha \sin\beta \cos\gamma + k\cos\alpha \cos\beta = -\frac{r^{1-k}}{1+k}d^2\left(\frac{r^{1+k}}{ds\,ds'}\right).$$

Si l'on y suppose $k = 1$, elle devient

$$\sin\alpha \sin\beta \cos\gamma + \cos\alpha \cos\beta = -\frac{d^2\left(\dfrac{r^2}{2}\right)}{ds\,ds'},$$

et si l'on représente par x, y, z trois coordonnées rectangulaires du point M, et par x', y', z' celles du point M′ rapportées aux mêmes axes, x, y, z varieront seules avec s, et x', y', z' avec s' ; d'où il suit, à cause de

$$\frac{r^2}{2} = \frac{(x'-x)^2 + (y'-y)^2 + (z'-z)^2}{2},$$

que

$$\frac{d\left(\frac{r^2}{2}\right)}{ds'} = (x'-x)\frac{dx'}{ds'} + (y'-y)\frac{dy'}{ds'} + (z'-z)\frac{dz'}{ds'}$$

et que

$$\frac{d^2\left(\frac{r^2}{2}\right)}{ds\,ds'} = -\frac{dx}{ds}\frac{dx'}{ds'} - \frac{dy}{ds}\frac{dy'}{ds'} - \frac{dz}{ds}\frac{dz'}{ds'};$$

on aura donc

$$\begin{aligned}&\sin\alpha\sin\beta\cos\gamma + \cos\alpha\cos\beta\\&= \frac{dx}{ds}\frac{dx'}{ds'} + \frac{dy}{ds}\frac{dy'}{ds'} + \frac{dz}{ds}\frac{dz'}{ds'},\end{aligned}$$

qui est évidemment la valeur du cosinus de l'angle formé par les directions de Mm et de M'm' ; le cosinus de cet angle se trouve ainsi égal à

$$\sin\alpha\sin\beta\cos\gamma + \cos\alpha\cos\beta:$$

ce qui est d'ailleurs évident par le principe fondamental de la trigonométrie sphérique.

Si l'on nomme i et i' les actions exercées à la distance dans la situation où

$$\alpha = \beta = \frac{\pi}{2} \qquad \text{et} \qquad \gamma = 0,$$

ce qui donne $\rho = 1$, par deux portions des fils conducteurs BM et B' M' égales à l'unité de longueur, sur une portion égale à la même unité d'un troisième conducteur dont l'énergie électrodynamique soit prise pour l'unité des énergies respectives des divers conducteurs, et qu'on désigne par n l'exposant de la puissance de la distance de deux portions infiniment petites de conducteurs, à laquelle leur action mutuelle est réciproquement proportionnelle quand cette distance varie seule, il sera aisé de voir, d'après ce que j'ai donné sur ce sujet dans le Cahier de septembre du *Journal de Physique* et dans ce Recueil, page 225 et suivantes, que les intensités d'action des deux petites portions de conducteurs, que j'ai nommées g et h dans la Note du *Journal de Physique*, seront représentées ici, à cause que leurs longueurs sont ds et ds', par $i ds$ et $i' ds'$, et que leur action mutuelle le sera par

$$\frac{\rho\, ii'\, ds\, ds'}{r^n},$$

l'exposant n étant égal à 2, si cette action est, toutes choses égales d'ailleurs, en raison inverse du carré de la distance, comme je l'ai admis dès mes premiers travaux sur les phénomènes électrodynamiques, en me fondant, à la vérité, plutôt sur l'analogie que sur des preuves directes.

En remplaçant dans cette expression la fonction ρ par ses valeurs trouvées ci-dessus, elle devient

$$- r^{1-k-n} \frac{d\left(r^k \frac{dr}{ds'}\right)}{ds} \cdot ii'\, ds\, ds'$$

ou

$$- \frac{r^{1-k-n}}{1+k} \cdot \frac{d^2(r^{1+k})}{ds\, ds'} \cdot ii'\, ds\, ds'.$$

Si l'on désigne, conformément à une notation employée dans divers ouvrages, et notamment dans le

Traité de Mécanique de M. Poisson (t. I, art. 171), par dr la différentielle de la distance r relative au déplacement du point M, et par $d'r$ la différentielle de la même distance relative au déplacement du point M', en sorte que ce qui, d'après la notation ordinaire, est exprimé par

$$\frac{dr}{ds} \cdot ds,$$

le soit par dr, que ds' soit remplacé par $d's'$, et que

$$\frac{dr}{ds'} ds'$$

le soit par $d'r$, on pourra écrire ces deux valeurs ainsi:

$$-ii'r^{1-n-k} d(r^k d'r),$$

$$-\frac{ii'r^{1-n-k} dd'(r^{1+k})}{1+k}.$$

On pourra se servir de celle de ces deux valeurs qui, dans chaque cas particulier, conviendra mieux au but qu'on se propose; la première est la plus commode dans le cas où je m'en suis servi pour déterminer la relation entre n et k qui résulte de ma nouvelle expérience. Pour faire usage de ces formules, on calculera la valeur de r en fonctions des six coordonnées des deux points M et M', soit que ces coordonnées soient trois droites perpendiculaires, ou deux droites et un angle, ou deux angles et une droite, et on en déduira, par de simples différentiations, les valeurs des différentielles partielles de r qui entrent dans la formule qu'on emploie, en ayant soin de ne faire varier que les trois coordonnées du point M dans les différentiations marquées par le signe d, et que celles du point M′ dans les différentiations que représente le signe d'. Un des avantages de la valeur que nous venons de trouver pour ρ consiste à ce qu'on peut n'exécuter, relativement aux coordonnées qu'on a choisies, que la différentiation relative au changement de position d'un des points M ou M′, et se contenter d'indiquer l'autre, ce qui simplifie beaucoup les calculs dans certains cas, comme on le verra quand je déterminerai la valeur de k d'après le fait nouveau que j'ai observé et qui me reste à expliquer.

Ce fait peut être énoncé ainsi :

Un circuit fermé circulaire ne peut jamais produire de mouvement continu toujours dans le même sens, en agissant sur un conducteur mobile d'une forme quelconque qui part d'un point de l'axe élevé perpendiculairement sur le plan de ce circuit par le centre du cercle dont il forme la circonférence, et qui se termine à un autre point du même axe, lorsque le conducteur mobile ne peut se mouvoir qu'en tournant autour de cet axe.

Pour s'en assurer par l'expérience, on adapte à la tige TT′ (*fig.* 3) une coupe annulaire O qui est isolée de la tige par un tube de verre Mm, et qui communique avec la coupe S″ par l'équerre en cuivre NnS″.

La spirale représentée figure 5, à l'aide de laquelle on produit le mouvement continu dans l'appareil (*fig.* 4), plonge par ses deux extrémités dans les coupes S″ et S‴ (*fig.* 3). Le conducteur mobile appuyé par la pointe K dans la coupe S′ se compose de deux parties KFGH et KEDB égales et semblables pour que la terre n'agisse pas sur ce conducteur; elles sont réunies par un cercle BH concentrique à la tige TT' : à ce cercle est attachée une pointe A qui plonge dans le mercure de la coupe O. On établit les communications en plongeant, par exemple, le rhéophore positif dans S

Fig. 3.

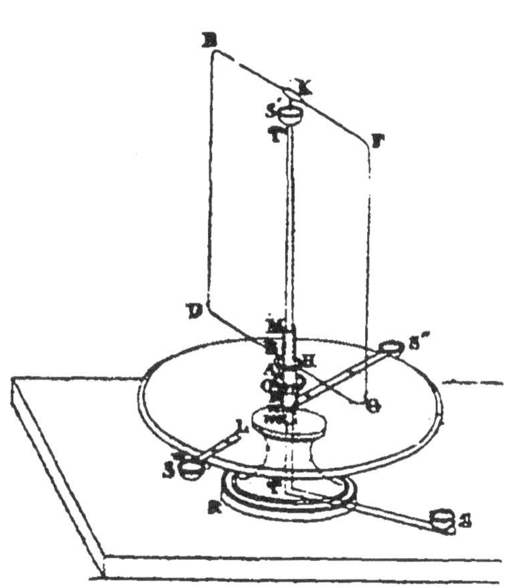

et le rhéophore négatif dans S''' ; le courant se partage alors entre les deux directions STKEDBAONS'' et STKFGHAONS''; arrivé ainsi dans la coupe S'', il parcourt la spirale LL'L'' (*fig.* 5), et se rend dans la coupe S''' (*fig.* 3), où l'on fait plonger l'appendice L'''M''' (*fig.* 5), et qui est en communication avec l'extrémité négative de la pile par le rhéophore venant de cette extrémité qu'on y a fait plonger. Tout étant ainsi disposé, le conducteur mobile BDEFGH ne tourne plus d'une manière continue comme celui de la figure 4; mais il ne prend aucun mouvement ou bien il oscille autour d'une position d'équilibre stable. On s'assure aisément que l'action serait complètement

Fig. 1.

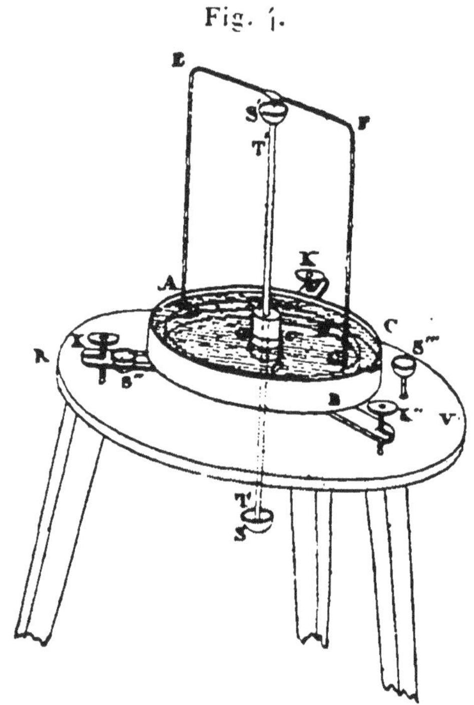

nulle si la spirale était construite avec une parfaite régularité; mais comme il est difficile qu'il en soit ainsi, on voit varier la position d'équilibre avec les irrégularités de la spirale, et quand on fait un peu changer la forme de cette spirale, en la pressant avec la main, on a une nouvelle position d'équilibre; mais, dans aucun cas, on ne peut produire de mouvement continu (1). Il convient, pour que les actions des por-

(1) J'ai trouvé depuis que l'action est encore nulle lorsqu'on remplace le conducteur spiral faisant plusieurs tours, chacun d'une circonférence entière, par un con-

tions ST, n S'' sur le conducteur mobile se détruisent

Fig. 5.

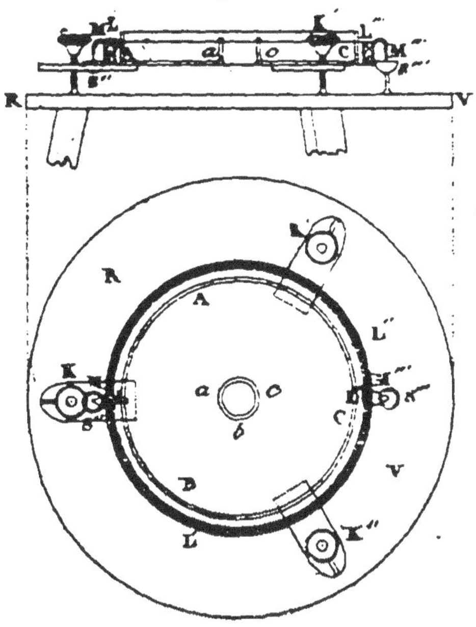

mutuellement, que, quand on fait cette expérience, ces

---

ducteur CDEFG (*fig.* 1) plusieurs fois redoublé, et dont la portion DEF forme un demi-cercle dont le centre est dans l'axe du conducteur mobile $x\,b\,c\,d\,e\,f\;b'\,c'\,d'\,e'\,f\,y$, comme les portions CD, FG ne peuvent, d'après ce qui a été dit (p. 83), agir sur ce conducteur mobile, il ne reste que l'action de la demi-circonférence DEF sur la portion la plus voisine *bcde* dont les deux extrémités sont dans l'axe, action qui, d'après l'expérience, n'imprime à cette portion aucune tendance à tourner toujours dans le même sens, quelle que soit sa position relativement au diamètre servant de corde au demi-cercle, d'où il suit évidemment que la même chose aurait lieu pour un conducteur fixe formant un arc de cercle quelconque, ainsi que je l'ai supposé dans le calcul qui donne la relation entre n et k.

deux portions soient placées l'une au-dessous de l'autre, à la plus petite distance possible.

Considérons maintenant un courant circulaire horizontal dirigé en M′ (*fig.* 6) suivant la tangente M′T′,

Fig. 6.

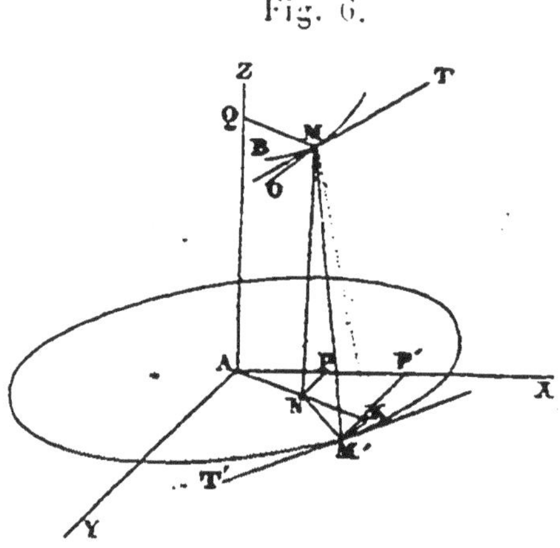

et agissant sur une portion infiniment petite d'un conducteur mobile BM, assujetti à tourner autour de la verticale AZ passant par le centre A du cercle dont le courant horizontal parcourt la circonférence et dont nous nommerons le rayon a; AZ étant pris pour axe des z, la verticale MN sera l'ordonnée z du point M, prenons pour les deux autres coordonnées de ce point la distance AN $= u$, et l'angle XAN $= t$; en nommant t' l'angle XAM′, on aura évidemment

$$r^2 = \overline{MN}^2 + \overline{NM'}^2 = z^2 + a^2 + u^2 - 2au\cos(t' - t),$$

expression où t' varie seul quand le point M′ se déplace, en sorte que

$$d'r = \frac{au\, d't' \sin(t' - t)}{r},$$

et que l'action d'une portion infiniment petite du courant horizontal située en M′ sur une portion infiniment petite du conducteur BM située en M est représentée par

$$-aii'r^{1-n-k}d't'd[r^{k-1}u\sin(t'-t)];$$

si on décompose cette force suivant la ligne MO perpendiculaire au plan AMNK, et qu'on abaisse du point M′ sur le rayon ANK la perpendiculaire

$$M'K = u\sin(t'-t).$$

qui sera évidemment parallèle à MO, il faudra, pour avoir la composante suivant MO, multiplier la force suivant MM′, dont nous venons de trouver la valeur par

$$\frac{M'K}{MM'};$$

ce qui donnera

$$-a^2ii'd't'r^{-n-k}\sin(t'-t)d[r^{k-1}u\sin(t'-t)]:$$

en multipliant cette quantité par la distance MQ = u du point M à l'axe AZ, on aura pour le moment de rotation

$$-a^2ii'd't'r^{-n-k}u\sin(t'-t)d[r^{k-1}u\sin(t'-t)]:$$

telle est l'action exercée par le petit arc ds' du conducteur fixe horizontal pour faire tourner le petit arc ds du conducteur mobile autour de cet axe; en l'intégrant relativement aux différentielles désignées par d, on aura cette action telle qu'elle est exercée par le petit arc ds' sur tout le conducteur mobile; or, d'après l'expérience qui prouve que cette action est nulle toutes les fois que ses deux extrémités sont dans l'axe, il faudra que l'intégrale soit nulle toutes les fois qu'elle sera prise entre deux limites pour lesquelles $u = 0$, quelle que soit d'ailleurs la forme du conducteur mobile et sa position relativement au petit arc ds' situé en M', c'est-à-dire quelles que soient les valeurs de r et de t en fonctions de u, qu'il faudrait substituer à r et à t pour intégrer de $u = 0$ à $u = 0$, si cette quantité n'était pas une différentielle exacte par rapport aux trois quantités r, t, u, qui varient avec la position du point M; or, on sait que pour que la valeur d'une intégrale soit ainsi indépendante des relations des variables qui y entrent, et reste toujours la même entre les mêmes limites, il faut qu'elle se présente sous la forme d'une différentielle exacte entre ces variables considérées comme indépendantes, ce qui ne peut avoir lieu ici à moins qu'on n'ait

$$k - 1 = -n - k$$

ou

$$k = \frac{1 - n}{2}.$$

Telle est la relation que l'expérience démontre exister entre k et n. Quand $n = 2$, on a $k = -\frac{1}{2}$; mais quelle que soit la force des analogies qui portent à penser que n est en effet égal à 2, on n'en a aucune preuve déduite directement de l'expérience, puisque toutes les expériences faites à ce sujet l'ont été en faisant agir un conducteur voltaïque sur un aimant, et ne s'appliquent par conséquent que par une extension, qu'on ne peut regarder comme une démonstration complète, à l'action mutuelle de deux portions infiniment petites de courants électriques.

La relation ci-dessus donne

$$n = 1 - 2k;$$

ce qui réduit la valeur de cette action à

$$-ii' r^k d(r^k d'r)$$

ou à

$$\frac{-ii' r^k dd'(r^{1+k})}{1+k}.$$

Dans la séance du 24 juin 1822, je lus, à l'Académie royale des Sciences, une Note additionnelle à ce Mémoire, où je tirai de ma formule mise sous cette forme deux résultats remarquables : le premier s'obtient lorsqu'on décompose la force que l'élément ds exerce sur l'élément ds', dans la direction de ce dernier, en la multipliant par

$$\cos\beta = -\frac{d'r}{d's};$$

ce qui donne

$$\frac{ii'}{ds'} r^k d'r d(r^k d'r),$$

dont l'intégrale, par rapport à d, est

$$\frac{ii'(r^k d'r)^2}{2d's'} + C = \frac{1}{2} ii' r^{2k} d's' \cos^2\beta + C,$$

qu'il faut prendre entre les limites marquées par les deux extrémités du conducteur BM (*fig.* 2). Si ce conducteur forme un circuit complètement fermé, les valeurs de r et de $\cos\beta$ seront les mêmes aux deux limites, puisque ces limites se trouveront au même point, et l'intégrale sera par conséquent nulle, d'où il suit que la résultante de toutes les actions exercées par un circuit fermé sur une petite portion de conducteur est toujours perpendiculaire à la direction de cette petite portion. Je remarquai, à ce sujet, qu'il en devait être de même d'un assemblage quelconque de circuits fermés, et par conséquent d'un aimant, lorsqu'on le considère comme tel, conformément à mon opinion sur la cause des phénomènes magnétiques, et c'est en effet ce qui résulte de plusieurs expériences dues à divers physiciens.

Le second résultat consiste en ce que la valeur de k étant négative [1], l'expression de l'action mutuelle de deux portions infiniment petites de courants vol-

---

[1] En vertu de l'équation $k = \frac{1-n}{2}$, la valeur de k n'est négative qu'autant que n est plus grand que 1; c'est pourquoi, avant d'avoir vérifié, par l'expérience décrite (p. 285), que cette valeur est en effet négative, je m'étais assuré que celle de n est plus grande que 1. Pour cela, après avoir trouvé, par un calcul très simple, que quand on suppose $n = 1$ un conducteur fixe, de quelque forme qu'il soit, ne peut exercer aucune action sur un conducteur circulaire situé dans le même plan, et que l'action entre ce conducteur circulaire et un conducteur rectiligne doit être attractive ou répulsive pour une même position de ces conducteurs, suivant que n est plus grand ou plus petit que 1, j'avais fait cette expérience dès le mois de mai 1822, et j'avais constaté que l'action dont il s'agit n'est pas nulle, et qu'il résulte du sens dans lequel elle a

taïques

$$\frac{ii'(\sin\alpha\sin\beta\cos\gamma + k\cos\alpha\cos\beta)}{r^n}$$

devient négative quand on suppose que les deux angles α et β tournés du même côté sont nuls, en sorte que les deux petites portions doivent se repousser quand elles se trouvent sur une même droite, et qu'elles sont dirigées vers le même point de l'espace: j'en tirai cette conclusion que toutes les parties d'un même courant rectiligne se repoussent mutuellement, que c'était probablement la cause des effets connus du moulinet électrique, qu'ainsi ces effets devaient être considérés comme le premier phénomène électrodynamique observé, et qu'on ne devait plus les expliquer comme on le fait communément.

Quoique les deux petites portions de courants élec-

---

lieu, que n est plus grand que 1, et que k est par conséquent négatif, en me servant du conducteur mobile, représenté en *xabcdefghiky* (*fig.* 7), sur lequel je faisais agir le

Fig. 7.

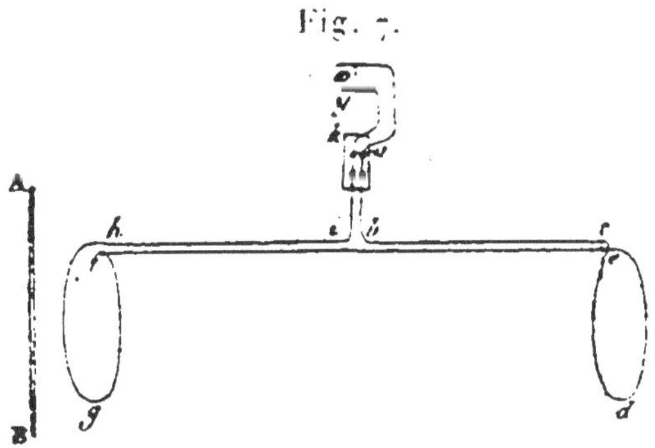

conducteur vertical AB. La figure que j'en donne ici me paraît suffisante pour qu'on en ait une idée complète, et pour qu'il soit inutile d'en donner une description détaillée.

triques ne soient alors dirigées dans le même sens qu'en apparence, et qu'on doive plutôt les considérer comme parcourant en sens contraire les deux côtés d'un angle de 200°, la répulsion, dans ce cas, était une chose si inattendue qu'il était nécessaire de la vérifier; on a vu plus haut (p. 285) que j'ai depuis fait cette expérience avec M. Auguste de la Rive, et qu'elle a complètement réussi. Nous observâmes ensemble, le 9 septembre 1822, que la répulsion a lieu en effet entre un courant établi dans le mercure, et ce même courant prolongé dans un fil conducteur flottant, soit qu'il passe du mercure dans le fil ou du fil dans le mercure, en sorte qu'il est impossible d'attribuer ce phénomène, parfaitement semblable à celui du moulinet électrique, excepté que l'air est ici remplacé par le mercure, aux causes auxquelles on l'a attribué jusqu'à présent dans le seul cas où on l'avait observé, celui où il a lieu dans l'air.

ADDITIONS AU MÉMOIRE PRÉCÉDENT (1).

Le temps m'ayant manqué pour achever la lecture de ce Mémoire dans la séance du 16 septembre, j'en lus dans la séance suivante un extrait contenant ce qui suit. Quant au Mémoire lui-même, il m'a paru inutile de l'insérer ici, parce qu'il ne serait guère qu'une répétition de ce qu'on peut voir, pages 278-286, dans le Mémoire de M. de la Rive fils, qui se trouve dans ce Recueil et de ce que j'y ai ajouté, pages 286-291.

Le Mémoire dont j'ai lu le commencement dans la séance du 16 septembre 1822 se compose de deux parties : la première contient les résultats de trois expériences nouvelles que j'ai faites à Genève avec M. Auguste de La Rive; la seconde, les conséquences que j'ai déduites des lois que j'avais trouvées, en 1820, relativement à l'action mutuelle de deux conducteurs voltaïques, à l'occasion des expériences dues à ce jeune physicien, et qui sont décrites dans un Mémoire très remarquable, que leur auteur a lu le 4 septembre 1822 à la Société de Physique et d'Histoire naturelle de Genève (2). Voici l'énoncé des trois nouveaux faits contenus dans la première partie du mien.

(1) Extrait d'un Mémoire présenté à l'Académie royale des Sciences dans la séance du 16 septembre 1822.

(2) Ce Mémoire a été inséré dans le Cahier de septembre 1822 de la *Bibliothèque universelle*, et dans ce Recueil, page 262 et suiv.

1° Les différentes portions d'un même courant électrique rectiligne se repoussent mutuellement comme dans le cas où ce courant parcourt successivement les deux côtés d'un angle quelconque, en passant de l'un à l'autre par le sommet de cet angle. Je n'avais auparavant constaté cette répulsion par l'expérience que dans ce dernier cas; mais j'avais annoncé, le 24 juin 1822, à l'Académie, que, d'après ma formule, elle devait aussi avoir lieu dans le premier; l'expérience que j'ai faite pour vérifier cette conclusion a complètement réussi. M. Auguste de la Rive a bien voulu, à ma demande, en donner la description dans une addition à son Mémoire [1].

2° D'après le complément que la formule, que j'ai donnée, en 1820, pour exprimer l'action mutuelle de deux portions infiniment petites de courants électriques, a reçu par la détermination que j'ai faite, dans le Mémoire lu à l'Académie le 10 juin dernier, du coefficient constant qui se trouve dans cette formule, un conducteur fixe plié en arc de cercle dans un plan horizontal ne peut exercer aucune action sur un conducteur mobile d'une forme quelconque, qui ne peut se mouvoir qu'en tournant autour d'un axe vertical passant par le centre de l'arc, et dont les deux extrémités sont dans cet axe.

Je n'avais fait cette expérience qu'avec un conducteur fixe formant une circonférence entière, plusieurs fois redoublée, et j'en avais conclu la valeur du coefficient constant; il restait, pour qu'il n'y eût rien à objecter à la détermination de ce coefficient, de la

(1) Page 285.

répéter en employant un arc plus petit que la circonférence : c'est ce que j'ai fait à Genève, en me servant d'un conducteur fixe, formant une demi-circonférence plusieurs fois redoublée; et comme l'action a été nulle, quel que fût l'angle que formât le plan du conducteur mobile avec le diamètre qui servait de corde à la demi-circonférence, on ne peut douter qu'elle ne soit nulle en effet pour un arc quelconque [1].

3° Il s'établit dans un conducteur mobile, formant une circonférence complètement fermée, un courant électrique par l'influence de celui qu'on produit dans un conducteur fixe circulaire et redoublé, placé très près du conducteur mobile, mais sans communication avec lui [2].

J'avais déjà tenté la même expérience au mois de juillet 1821 avec un appareil tout semblable, décrit dans ma lettre à M. le professeur Van Beek, qui a été insérée dans le *Journal de Physique;* mais ayant probablement employé un aimant trop faible, je n'avais obtenu aucun signe de l'existence du courant électrique dans le conducteur mobile, ce qui m'avait fait rejeter, dans cette lettre, la production des courants électriques par influence; cette dernière expérience doit la faire admettre : mais ce fait, indépendant jusqu'à présent de la théorie générale des phénomènes

(1) J'ai expliqué dans la note des pages 95 et 96 la manière dont cette expérience a été faite.

(2) L'appareil avec lequel j'ai fait cette expérience est décrit page 170, et la production des courants électriques par influence qu'elle établit est annoncée pages 285 et 286.

électrodynamiques, n'apporte aucun changement à cette théorie. Voici maintenant les principaux résultats des conséquences que j'ai déduites, dans la seconde partie de mon Mémoire, des lois auxquelles j'ai ramené ces phénomènes en 1820 [1].

1° Une portion rectiligne du circuit voltaïque mobile dans un plan autour d'une de ses extrémités, tend à tourner toujours dans le même sens par l'action d'un conducteur fixe rectiligne et indéfini, situé dans ce plan ou dans un plan parallèle, toutes les fois que ce conducteur est dans tous ses points hors du cylindre droit, qui a pour base le cercle dont la circonférence est décrite par l'extrémité de la portion mobile opposée à celle autour de laquelle elle tourne; le conducteur fixe rectiligne tend, au contraire, à amener cette portion mobile dans une situation déterminée, quand il entre dans ce cylindre et vient passer auprès de son axe.

2° Quand la portion mobile au lieu de se mouvoir, comme dans le cas précédent, en tournant autour d'un axe perpendiculaire au plan où elle est située, est au contraire assujettie à rester dans son mouvement de rotation, toujours parallèle à l'axe autour duquel elle se meut, l'action d'un conducteur rectiligne indéfini, situé dans un plan perpendiculaire à cet axe, tend dans tous les cas à amener la portion mobile dans une position déterminée, où le plan qui la joint à l'axe de rotation est parallèle au conducteur fixe, et où la portion mobile se trouve du côté positif de ce conducteur, quand le courant qui la parcourt va en s'approchant du même conducteur, et du côté opposé quand

[1] Cette expérience est décrite pages 277, 278.

il va en s'en éloignant conformément à ce que j'ai déjà dit, relativement à des faits analogues, dans les Notes que M. Savary et moi avons publiées sur le premier Mémoire de M. Faraday (*Annales de Chimie et de Physique*, t. XVIII, p. 373, lignes 2-6, et p. 161 de ce Recueil).

3° Si l'on remplace le conducteur fixe rectiligne indéfini par un conducteur circulaire dont le diamètre soit suffisamment grand relativement aux dimensions du conducteur mobile, les effets produits seront sensiblement les mêmes que quand le conducteur fixe est supposé rectiligne, pourvu que le centre du cercle qu'il forme se trouve hors du cylindre droit qui enveloppe le conducteur mobile dans toutes les positions où il se trouve successivement en tournant autour de l'axe.

4° Ce n'est que dans le cas où le centre de la circonférence sur laquelle est plié le conducteur fixe circulaire se trouve au dedans de ce cylindre, que le conducteur parallèle à l'axe doit tendre à tourner toujours dans le même sens; quant au conducteur mobile assujetti à se mouvoir autour d'une de ses extrémités dans un plan passant par le conducteur fixe ou dans un plan parallèle, cette circonstance ne fait rien au mouvement qu'il doit prendre toujours dans le même sens, par l'action du conducteur circulaire dont il est entouré.

En appliquant ces considérations aux ingénieuses expériences de MM. de la Rive sur l'action exercée par le globe terrestre sur les différentes portions d'un circuit voltaïque, qu'on dispose de manière à les rendre mobiles séparément, on voit que tous les résultats de ces expériences concourent à prouver que la terre agit sur ces différentes portions précisément comme un assemblage de circuits voltaïques qui se mouvraient de l'Est à l'Ouest dans des directions perpendiculaires aux méridiens magnétiques, et qu'ils auraient pu être aisément prévus d'après cette loi générale de l'action électrodynamique de notre globe, considérée comme je l'ai fait dans mes recherches sur ce sujet.

FIN.

TABLE DES MATIÈRES.

PARIS. — IMPRIMERIE GAUTHIER-VILLARS ET Cie,
65811-21 Quai des Grands-Augustins, 55.

www.ingramcontent.com/pod-product-compliance
Ingram Content Group UK Ltd.
Pitfield, Milton Keynes, MK11 3LW, UK
UKHW021059260726
13994UKWH00002B/600

9 782329 374567